NATIONAL GEOGRAPHIC

国家地理图解万物大百科
宇 宙

西班牙 Sol90 公司 编著　李 莉 译

江苏凤凰科学技术出版社 · 南京

目 录

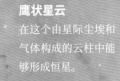

鹰状星云
在这个由星际尘埃和气体构成的云柱中能够形成恒星。

宇宙的奥秘

有一段时间，人们认为星星是天空中其他部落点燃的篝火，宇宙是一个扁平的盘子，它被搁置在一只巨型海龟的背上。而希腊天文学家托勒密认为，地球是宇宙的中心。从远古时代，人们就好奇天球里隐藏着什么。这种好奇心驱使他们制造望远镜，让遥远模糊的物体变得清晰可辨。在本书中，你可以通过精彩的图片和说明了解宇宙的历史，包括宇宙的形成、装点夜空的诸多光点的特性及其发展变化等。你还可以了解太空中像太阳一样的恒星是怎样诞生和死亡的，什么是暗物质和黑洞，以及我们在太空中的位置等。显然，通过对其他与地球类似的星球的研究使我们更加明白，世界上没有比地球更好的居住地了，至少目前是这样。

根据数理计算，银河系有超过 1 000 亿颗恒星。这个巨大的数字让人怀疑：我们的太阳真的是唯一一颗拥有适宜生物生存的行星的恒星吗？天文学家比以往更加相信在其他星系中有生命存在，只是还没有找到而已。通过阅读本书，你会更加熟悉地球的兄弟姐妹们——太阳系中的其他行星，了解并识别它们最重要的特点。所有这些关于太空的奥秘都配有最新型望远镜拍摄的照片，照片上显示了行星及其卫星的很多细节信息，比如位于星球表面的火山和环形山。你还可以了解到很多环绕太阳运行的小行星和彗星以及矮行星（比如冥王星）的知识，包括空间探测器对冥王星的首次探访，以及天文学家对位于太阳系柯伊伯带的冰冻小天体的观测，我们已经知道它们比行星要小很多。一些图像及其说明文字能帮助你认识和理解构成宇宙的部分可见和不可见物质（比如暗物质）。书中的星图展示了自远古时代开始就被用来导航和制定历法的星座和星群。书中还有对天文学历史的回顾：从认为日月星辰都环绕地球运转的托勒密、提出太阳中心学说的哥白尼、第一个将望远镜对准太空的伽利略，一直到最现代的天文学说，比如史蒂芬·霍金这位研究时间与空间的天才，他对于宇宙最大奥秘的发现让我们震惊不已。读完这些内容，你会发现这本书已经将宇宙的奥秘全然交到了你的手中。

宇宙是什么

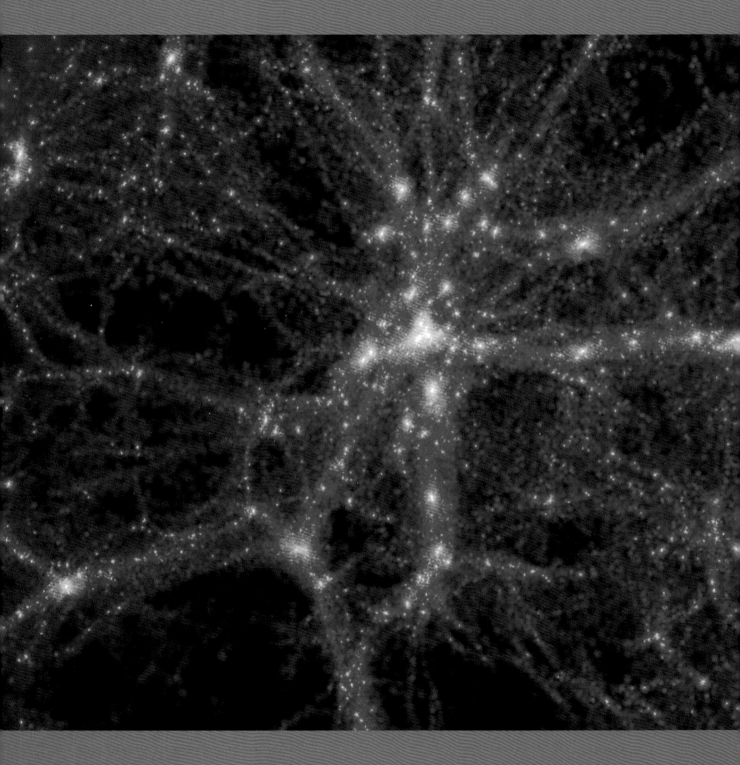

 宙即存在的万事万物，从最小的粒子到最大的结构，涵盖了所有的物质和能量。宇宙包括可见和不可见的物质，比如暗物质这个质量占比最大也是最神秘的宇宙物质成分。寻找暗物质是宇宙学目前最重要的任务之一。从理论上讲，暗物

暗物质
虽然暗物质用望远镜观测不到，但其对其他天体施加的引力证实了它们的存在。

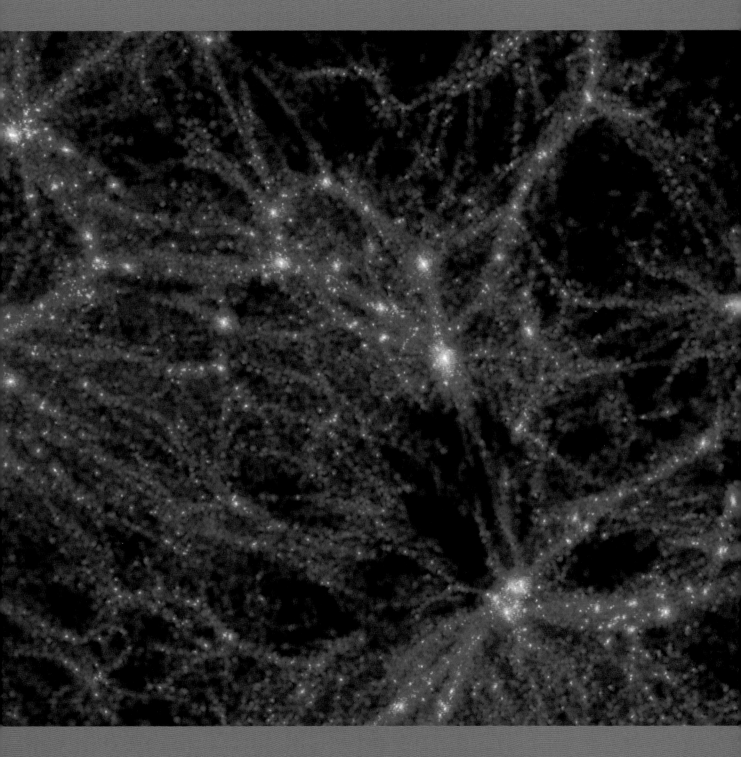

质可能决定了宇宙中星系的起源、形成与演化。你知道吗，宇宙每时每刻都在膨胀！天文学家经常在思考的问题，也是他们最关注的问题：宇宙在变得又黑又冷之前，它还能像气球一样膨胀多久？●

宇宙全景图

浩瀚神奇的宇宙中至少有 2 万亿个星系，每个星系（一般都在大的星系群中）又由上千万到数万亿颗恒星组成。含有数万个星系的超星系团构成的丝状结构则是宇宙中已知的最大结构，这些结构之间看起来空无一物的区域，我们称之为宇宙空洞。对于宇宙的壮大，也许这样讲可以更好理解：我们脆弱的地球，抑或银河系，在茫茫的宇宙中都微不足道。

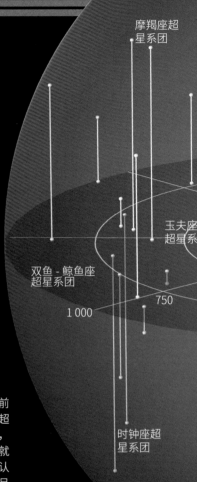

摩羯座超星系团

玉夫座超星系团

双鱼 - 鲸鱼座超星系团

时钟座超星系团

1 000　750

1. 地球　地球随同太阳系出现于宇宙已有 46 亿年之久。地球是迄今为止人类发现的唯一有生命的行星。

宇宙

今天的宇宙形成于将近 138 亿年前的一次巨大爆炸中，其规模之大超乎我们的想象。过去很长一段时间里，天文学家一度认为地球所在的银河系就是整个宇宙，到了 20 世纪 20 年代才认识到宇宙比此前想象的要大得多，而且还在不断扩大。

2. 附近的恒星　距离太阳不到 20 光年，是我们太阳系的邻居。

3. 邻居　距离 100 万光年的范围之内，我们发现了银河系以及它周围的矮星系。

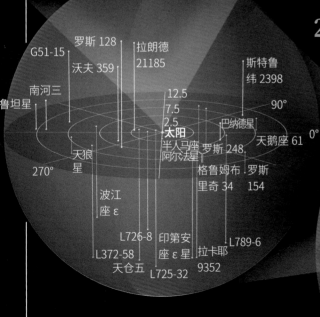

G51-15　罗斯 128　拉朗德 21185　斯特鲁纬 2398
沃夫 359
南河三
鲁坦星
12.5
7.5
2.5
90°
太阳
巴纳德星
半人马座阿尔法
罗斯 248
格鲁姆布里奇 34
天鹅座 61　0°
罗斯 154
天狼星
270°
波江座 ε
L726-8　印第安座 ε 星
L372-58　L789-6
天仓五　L725-32　拉卡耶 9352　L789-6

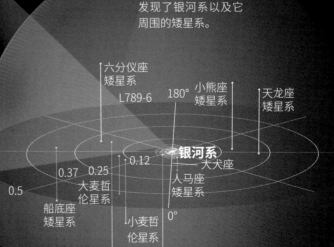

六分仪座矮星系
L789-6
180°　小熊座矮星系
天龙座矮星系
银河系
大犬座
0.37　0.25　0.12
0.5
大麦哲伦星系
人马座矮星系
船底座矮星系
小麦哲伦星系
0°

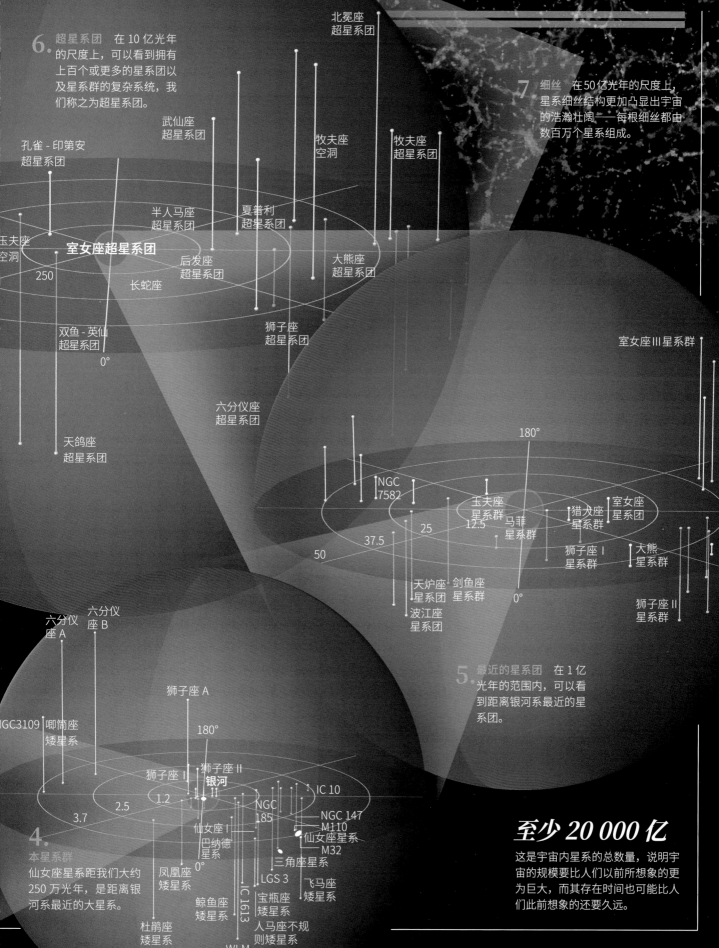

6. **超星系团**　在 10 亿光年的尺度上，可以看到拥有上百个或更多的星系团以及星系群的复杂系统，我们称之为超星系团。

7. **细丝**　在 50 亿光年的尺度上，星系细丝结构更加凸显出宇宙的浩瀚壮阔——每根细丝都由数百万个星系组成。

孔雀 - 印第安超星系团

武仙座超星系团

牧夫座空洞

牧夫座超星系团

北冕座超星系团

玉夫座空洞

半人马座超星系团

室女座超星系团

250

夏普利超星系团

后发座超星系团

长蛇座

大熊座超星系团

狮子座超星系团

室女座 III 星系群

双鱼 - 英仙超星系团

0°

六分仪座超星系团

天鸽座超星系团

NGC 7582

180°

玉夫座星系群

12.5

马菲星系群

猎犬座星系群

室女座星系团

狮子座 I 星系群

大熊星系群

25

50

37.5

0°

天炉座星系团

剑鱼座星系群

狮子座 II 星系群

波江座星系团

5. **最近的星系团**　在 1 亿光年的范围内，可以看到距离银河系最近的星系团。

六分仪座 A

六分仪座 B

狮子座 A

180°

NGC3109

唧筒座矮星系

狮子座 I

狮子座 II

银河

IC 10

2.5

1.2

NGC 185

3.7

仙女座 I

巴纳德星系

NGC 147

M110

仙女座星系

M32

三角座星系

凤凰座矮星系

0°

LGS 3

飞马座矮星系

4. **本星系群**

仙女座星系距我们大约 250 万光年，是距离银河系最近的大星系。

杜鹃座矮星系

鲸鱼座矮星系

IC 1613

WLM

宝瓶座矮星系

人马座不规则矮星系

至少 20 000 亿

这是宇宙内星系的总数量，说明宇宙的规模要比人们以前所想象的更为巨大，而其存在时间也可能比人们此前想象的还要久远。

宇宙的起源和演化

我们现在不可能精确地知道宇宙是如何从无到有形成的。根据目前被科学界广为接受的大爆炸理论，最初——距今 138 亿年之前，宇宙是一个无限小的致密火球，由它产生了空间、物质和能量。但其中有一个重要问题，至今仍无定论：是什么使这个充满浓缩能量，并创造了物质和反物质的小光点从虚无中产生。在随后很短的时间里，年轻的宇宙开始扩张和冷却。经过了 100 多亿年的演变，终于形成了今天我们所知的模样。●

能量辐射

在宇宙诞生后的 38 万年之前，宇宙中的主要成分是光子、电子、质子、中子，这些成分频繁地发生散射，它们紧密地耦合在一起，电子和光子每天形影不离。在宇宙诞生 38 万年后，随着温度的冷却，电子和原子核结合成为原子（主要是氢原子），光子对原子的散射要小得多。于是，光子得以在宇宙中相对自由地传播，并且构成了宇宙微波背景辐射。

宇宙是如何成长的

宇宙膨胀是整个宇宙的一次扩张。地球所在银河系的邻居们整齐划一地出现了。不管在哪里，星系的类型和背景温度都大体一致。

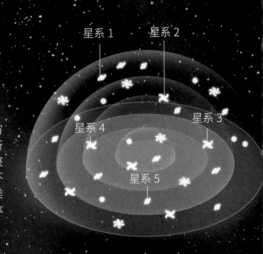

星系 1　星系 2
星系 3
星系 4
星系 5

时间	0	10^{-43} 秒	10^{-38} 秒
温度	—	10^{32}°C	10^{29}°C

1 科学家提出这样的推论：从虚无中产生了无穷小的、致密的热物质。今天宇宙存在的一切，在最初只是一个比原子核还小的压缩的球。

2 在能够到达的最接近物理学 0 时的一刻，温度极高。在宇宙开始膨胀之前，一种超力量控制着一切。

3 宇宙是不稳定的。在大爆炸之后的 10^{-38} 秒内，宇宙的规模以 1 万亿万亿万亿倍的速度扩张。宇宙的扩张和力量分离开始了。

最初的粒子

在初始阶段，宇宙是一锅粒子汤，粒子之间因高辐射而相互影响。随着宇宙膨胀，夸克构成了元素的原子核，接着与电子结合构成原子。

光子
传递电磁相互作用的基本粒子。

胶子
负责传递夸克之间的相互作用。

电子
带负电荷的基本粒子。

引力子
据说能够传输引力作用。

夸克
组成质子、中子等的更小的基本粒子。

宇宙膨胀理论

▶ 虽然持大爆炸理论的天文学家认为宇宙起源于一个非常小的、炽热的致密球，但是他们并不能解释宇宙以惊人的速度膨胀的真正原因。1981 年，物理学家艾伦·古思提出了解决这个问题的膨胀理论。在极短的时间内（不到千分之一秒），宇宙扩张了 1 万亿万亿万亿倍。扩张期结束时，随着时间的流逝，宇宙温度将无限逼近绝对零度。

威尔金森微波各向异性探测器（WMAP）

美国国家航空航天局（NASA，以下简称美国航天局）的 WMAP 计划绘制了宇宙微波背景辐射图。在这张图中可以看到较热区域（红色—黄色）和较冷区域（蓝色—绿色）。WMAP 使确定暗物质的数量成为可能。

宇宙不成长会是什么样

如果宇宙没有经历膨胀，那么它会是一个不同区域的集合体，每个区域有各自独特的星系类型，彼此之间千差万别。

星系 1　星系 3
星系 2　星系 4　星系 5

力量分离

在宇宙膨胀之前的辐射期内，只有一种统一的力控制着所有的物理互动活动。第一种能够被加以区分的力是引力，随之而来的是电磁和核之间的相互作用。宇宙力量分离之时，物质就产生了。

引力
强核力
弱核力
电磁力
超力量
扩展

10^{-12} 秒

10^{15}℃

4　宇宙经历了一次重大的冷却。引力开始显现，电磁力与强核力和弱核力之间的相互作用产生了。

10^{-4} 秒

10^{12}℃

5　质子和中子出现，每个质子和中子由 3 个夸克构成。由于所有的光子都束缚于粒子网中，宇宙仍然是黑暗的。

5 秒

$5×10^{9}$℃

6　电子与其反粒子（正电子）互相湮灭，直到正电子消失。剩下的电子将成为原子的组成部分。

3 分钟

$1×10^{9}$℃

7　最轻的元素氢和氦的原子核形成。质子和中子共同构成原子核。

1 秒

中微子从初始粒子汤中分离出来，在宇宙中自由飘荡。它的质量极小，被认为是热暗物质模型的候选粒子。

从粒子到物质

夸克以及其他最古老的粒子，借助于胶子传递的力产生相互作用。随后，质子和中子结合形成原子核。

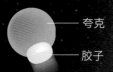

夸克
胶子

1　胶子与夸克相互作用。

2　夸克经由胶子结合，形成质子和中子。

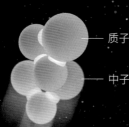

质子
中子

3　质子和中子结合生成原子核。

透明的宇宙

随着原子的诞生和宇宙自身的全面冷却，曾经不透明的致密宇宙开始变得透明。电子受到氢核和氦核的吸引，共同形成了原子。光子（光粒子）此时能自由地穿越宇宙。随着宇宙的冷却，辐射量虽然仍旧很大，但已不再是宇宙的唯一控制要素。现在，物质通过引力能够决定自身的命运。在这个过程中出现的气块越变越大，1 亿年之后形成了更大的结构体。它们的形状尚未定型，构成了原星系。在大爆炸发生约 5 亿年之后，原星系在引力的作用下形成了第一批星系；第一批恒星开始在这些星系最密集的地方发光。为什么星系以那种方式分布和形成仍是一个未解之谜。天文学家通过间接证据证实，那些所谓暗物质的存在对星系的形成起到了一定的作用。

暗物质

可见物质只是宇宙中的很小一部分，绝大部分物质是不可见的——即使是用最先进的望远镜也看不到。宇宙中的星系及其恒星之所以在不停地运转，是因为某种物质产生的引力作用，天文学家称这种物质为暗物质。

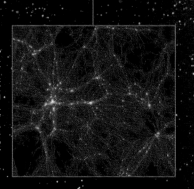

1 气态云
最初的气体和尘埃源自大爆炸形成的云。

2 第一批细丝
由于暗物质的引力牵拉作用，气体结合形成细丝结构。

物质的演变

如今我们能在宇宙中观察到的只是大量组合成星系的物质，但那并不是宇宙的原始形态。大爆炸最初产生的是一团均匀分散的气态云。大爆炸 300 万年后，气体自身开始形成细丝。现在我们可以将宇宙视为一个由星系细丝以及细丝之间的巨大空洞形成的网络。

时间	38 万年	5 亿年
温度	2 700℃	-243℃

8 大爆炸 38 万年之后，原子形成。受质子的吸引，电子环绕原子核运行。宇宙开始变得透明，光子得以在其中穿梭飞行。

9 星系形成了它们最终的形状——数以亿计的恒星以及大量的气体和尘埃形成的岛状物。恒星爆炸形成超新星，释放较重的元素，比如碳。

第一批原子

氢和氦是原子层面上最先形成的元素。它们是恒星和气态行星的主要成分，也是迄今宇宙中含量最多的元素。

原子核 1

质子

电子

中子

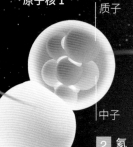

原子核 2

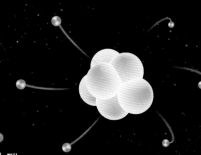

1 氢
1 个电子受原子核的吸引，环绕原子核运行。氢原子核中有 1 个质子。

2 氦
由于原子核中有 2 个质子，因此吸引了 2 个电子。

3 碳
随着时间的推移，较重较复杂的元素逐步形成。碳，作为人类生命的关键元素，其原子核中有 6 个质子，有 6 个电子环绕原子核运行。

3 **星系细丝网**
宇宙中存在大型星系
细丝网，其中包含数
以亿计的星系。

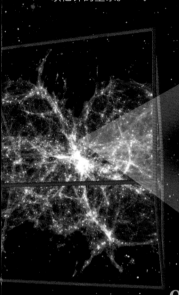

现在的宇宙

星团

恒星　星云

不规则
星系

旋涡
星系

类星体

棒旋
星系

椭圆
星系

星系群

92 亿年

地球诞生
跟其他行星一样，地球是由太阳形
成之后的残留物质形成的。地球是
目前已知唯一有生命存在的星球。

90 亿年

138 亿年

-258℃

10 大爆炸 90 亿年后，太阳系诞生
了。大量的气体和尘埃在坍缩
过程中形成了太阳。随后，行
星在剩余物质中产生。

-270℃

11 宇宙继续膨胀。无数星系被暗物质围着，暗物质占
据宇宙质能总量的 27%。普通物质，也就是恒星和行
星的构成物质，仅占宇宙质能总量的 5%。而能量的
主要形式是暗能量，这也是一种未知的能量类型，它
们占宇宙质能总量的 68%。

时间轴
如果将与宇宙历史相关的时间跨度按比例放
到一年当中，那么这么长的时间跨度就很容
易理解了。在这一年要经历宇宙诞生、人类

生命在地球上出现和哥伦布航行到达美洲等
重大事件。假设在这个假想年的 1 月 1 日午
夜零时，大爆炸发生了。那么在 12 月 31 日

的晚上 11 点 56 分，智人才出现，而哥伦布
正是在这一年最后一天的倒数第二秒才开始
航行。在这个时间轴上，1 秒等于 438 年。

大爆炸
发生在这一
年第一天的
第一秒。

太阳系
在这个时间轴
上的 9 月 1 日
诞生。

哥伦布到达美洲
发生在这个时间
轴上最后一天的
倒数第二秒。

万物皆有尽头

大爆炸理论帮助我们解决了宇宙早期的谜题，还有一个未来之谜尚未解决。要解开这个谜，必须知道宇宙的总质量，但是至今尚无确切的答案。最近的观测资料帮助我们消除了部分不确定性。看起来，宇宙没有足够的质量来阻止它自身的扩张。如果情况真是这样，那么宇宙当前的生长不过是它在完全死亡并变得彻底黑暗之前的最后一步。

平坦的宇宙

1 有一个质量临界点，如果宇宙的总质量恰好等于这个临界质量，宇宙的扩张速度会不断变慢，但并不会完全停止。永远扩张的结果是宇宙中的物质会日渐稀释。如果宇宙是平坦的，那我们可以说宇宙源自一次爆炸，但是它会一直不停地向外扩张。这样的宇宙是很难想象的。

1 宇宙不断扩张演变。

2 宇宙的扩张永无休止，但是扩张速度会逐渐减慢。

3 引力并不足以让宇宙的扩张完全停止。

4 宇宙无限扩张。

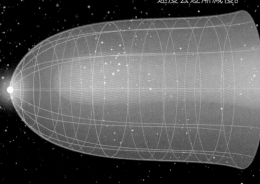

霍金的宇宙理论

宇宙最初由四个空间维度构成，没有时间维度。根据霍金的理论，没有时间就没有变化，于是其中一个维度自发地转化成了时间维度，导致宇宙开始扩张。

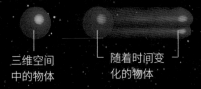

三维空间中的物体

随着时间变化的物体

大爆炸

1 在最初的爆炸之后，宇宙开始扩张。

2 扩张持续进行，而且非常明显。

封闭的宇宙

2 如果宇宙的总质量超过临界质量，那么它会一直扩张，直到引力能够使其停止扩张为止。然后，宇宙会在大挤压中收缩，直到最后彻底坍缩，成为无限小的致密炽热的奇点，与诞生出我们这个宇宙的奇点类似。

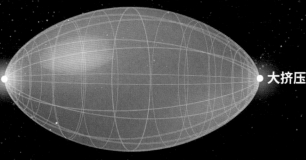

大挤压

1 宇宙猛烈地扩张。

2 宇宙的扩张速度变慢。

3 宇宙最终将坍缩，形成一个致密的奇点。

如何形成

假设暗能量是宇宙的主导力量，那么它加速了宇宙的扩张。

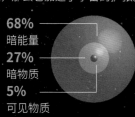

68%
暗能量

27%
暗物质

5%
可见物质

发现

帮助形成大爆炸理论的重大发现由埃德温·哈勃在 20 世纪 20 年代完成，他发现星系之间的距离在逐步拉大。在 20 世纪 40 年代，乔治·伽莫夫提出了宇宙起源于一个原始爆炸的理论。20 世纪 60 年代，阿诺·彭齐亚斯和罗伯特·威尔逊意外地发现了宇宙微波背景辐射，而它可能正是大爆炸所产生的后果之一。

20 世纪 20 年代
星系扩张
哈勃注意到光向光谱的红端移动的红移现象，从而证明了各个星系相互之间的距离正在拉大。

20 世纪 40 年代
伽莫夫的猜想
伽莫夫首先提出了大爆炸的理论雏形，认为早期的宇宙是粒子"大锅炉"。

1965 年
宇宙微波背景辐射
彭齐亚斯和威尔逊检测到了来自天空的噪声——宇宙早期遗留下来的热辐射。

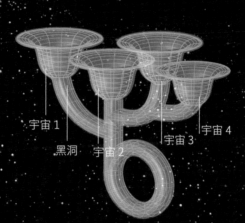

宇宙 1
黑洞　宇宙 2
宇宙 3
宇宙 4

自我生成的宇宙

3 一个影响力相对较小的关于宇宙性质的理论认为，宇宙是自我生成的。如果真是这样，那么就会不断产生新的宇宙，就像树枝一样，它们之间可能由特大质量的黑洞连接起来。

3 到达一个临界点时，整个宇宙都将陷入黑暗，生命终止。

时间

开放的宇宙

4 对于宇宙的未来，影响最为广泛的理论认为宇宙拥有小于临界值的质量。最新的测量结果显示，当前的时间只不过是宇宙死亡之前的一个阶段，整个宇宙最终将陷入彻底的黑暗。

黑洞

有些理论认为，黑洞内部存在着时空的拐点，或许能够通过进入一个黑洞而穿越空间到达其他的宇宙。

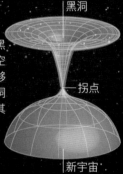

黑洞

拐点

新宇宙

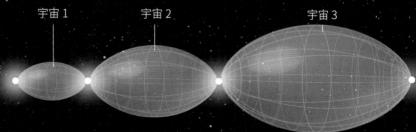

宇宙 1　　　宇宙 2　　　　宇宙 3

婴儿宇宙

5 根据这个理论，一个宇宙可以孕育出另一个宇宙。很可能，某个时空区中的黑洞的坍缩导致了我们这个宇宙的诞生，而时空总结构（总

宇宙）是一系列相互连通的泡，就像一杯啤酒上面的泡沫，没有起始也没有终结。

宇宙的力量

大自然的四种基本力量并不是从基础力量中派生出来的。物理学家认为，所有的物理作用力一度都只是作为一种单一力量在起作用。在宇宙扩张的过程中，它们进而变得截然不同。如今各种力量掌管不同的过程，每种相互作用影响着不同种类的粒子。引力、电磁力、强核力和弱核力，对于我们理解宇宙中很多物体的行为至关重要。最近几年，很多科学家试图证明所有的力量都是一种力量类型转换的表现；但是几乎没有进展。

广义相对论

▶ 1915 年，阿尔伯特·爱因斯坦对我们理解宇宙内部工作原理作出了重大的贡献。在牛顿万有引力理论的基础上，爱因斯坦认为空间与时间是相关联的。对牛顿而言，引力仅仅是吸引两个物体的力量，但是爱因斯坦认为那是他称之为时空弯曲的表现。根据他的广义相对论，由于物体质量的存在，时空结构会发生弯曲。根据这个理论，引力的本质是时空的弯曲，它可以推动一个物体向另一个物体运动。爱因斯坦的广义相对论要求科学家把宇宙作为非欧几里得空间来看待，因为这个理论与平坦宇宙的理论不相符。在爱因斯坦的空间中，两条平行线能够相交。

E = mc²

在爱因斯坦的质能方程式中，能量和质量是等价的。如果一个物体的质量增加，它的能量也会增加，反之亦然。

我们看到的位置

实际位置

光的轨迹

地球

太

引力

① 引力是从原始超力量中分离出来的第一种力量。现在科学家根据爱因斯坦的理论，将引力理解为时空弯曲的效果。如果将宇宙视为一个立方体，任何有质量的物体在空间中都会使立方体变形。引力可以在很远的距离上持续地产生作用（就像电磁力一样）。尽管很多人试图找到反引力，但是至今尚无任何证据证明它的存在。

如果宇宙空无一物，那么可以用这种方式描述它的时空结构。

宇宙的时空结构由于自身所含物质的质量而发生变形。

万有引力

牛顿提出的万有引力是指有质量的物体之间存在的相互吸引力。根据牛顿创造的计算万有引力的方程式，两个物体之间的引力与它们的质量成正比，与它们之间距离的平方成反比。牛顿将这种相互作用力与两物体质量、距离关系公式中的系数命名为万有引力常数（G）。牛顿的万有引力定律

是在爱因斯坦的广义相对论产生之前的一个广为接受的理论，其缺点在于没有把时间作为物体间相互作用的一个基本要素。牛顿认为，两个物体之间的引力是物体固有的特性，与空间属性无关。然而不可否认的是，牛顿的万有引力定律是爱因斯坦的理论产生的基础。

牛顿的方程式

两个有质量的物体之间互相吸引。质量越大的物体，对另一个物体产生的引力就越大。物体之间的距离越大，它们之间互相作用于对方的引力就越小。

$$F = \frac{G \times m1 \times m2}{d^2}$$

强核力

3 强核力将原子核中的质子和中子紧紧地"捆"在一起。质子和中子都受这种力量的影响。胶子是携带强核力的粒子，它将夸克结合在一起形成质子和中子。

1 夸克和胶子
夸克之间通过交换胶子发生强相互作用。

核子

夸克
力
胶子

2 结合
夸克互相结合，形成核子（质子和中子）。

电磁力

2 电磁力是影响带电粒子或带电物质的力。它参与不同元素的原子和分子的化学物理变化。电磁力可以表现为引力或斥力。

引力
使电子和原子核组合在一起而形成原子，使原子结合形成分子。

氢
碳

力
电子
正极
原子核
负极

分子磁性
在原子和分子中，电磁力起主导作用。电磁力在原子中表现为原子核和电子之间的引力，或电离原子之间的引力和斥力。

弱核力

4 弱核力没有强核力和电磁力那么强大。弱核力会引发中子的β衰变，从而产生质子、电子和中微子。在与某类元素相关的天然放射现象中，弱核力就起主导作用。

1 氚
中子的β衰变使得中子的1个下夸克转变为上夸克。

氦同位素氦 -3

电子
质子
中子

氢同位素氚

质子
电子
中子

2 氦 -3
中子变成质子，氚原子变成氦 -3 原子。

弯曲的光线
时空的弯曲也会导致光线弯曲。当通过望远镜观测遥远的天体时，天体其实并不在我们所看到的位置上。因为它们发出的光线在穿越了漫长的时空之后，已经发生了弯曲和偏移。

宇宙中有什么

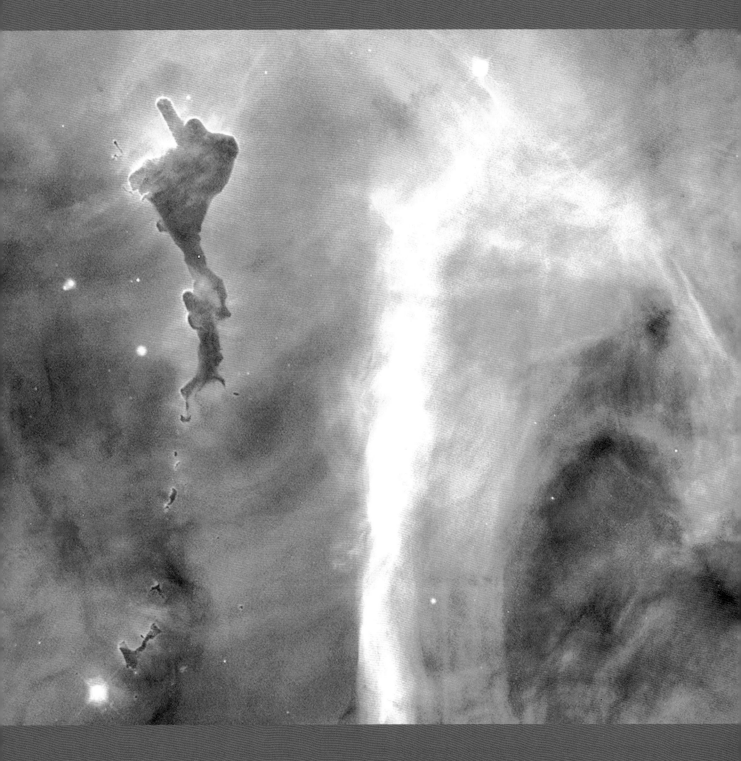

宇宙的构成很复杂，其中有很多超星系团。有时候星系会彼此碰撞，形成新的恒星。在浩瀚的宇宙中有类星体、脉冲星和黑洞。得益于当前的先进技术，我们可以享受壮丽的宇宙光影秀：比如由炽热发光的气流组成的光影产物——船底座伊

船底座伊塔星云

船底座伊塔星云的直径大于 200 光年，是我们所在的星系中最大也是最亮的星云之一。其中一颗特大号的恒星——船底座伊塔星可能会在不久的将来变成一颗超新星。

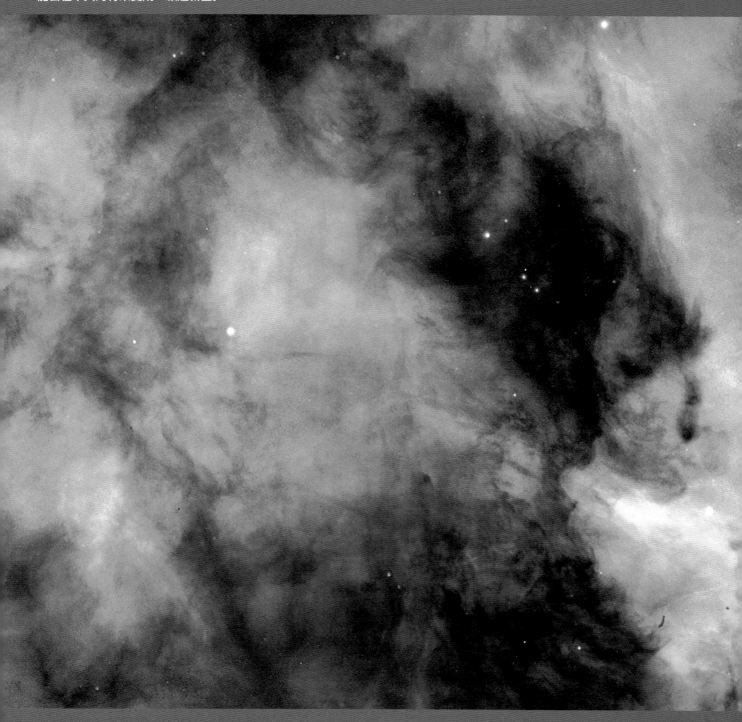

塔星云（上图所展示的）。虽然我们尚未对宇宙中的所有天体都有所了解，但毫无疑问，构成我们人体的大部分原子都诞生于恒星内部。●

发　光

在相当长的一段时间里，恒星对于人类来说是一个谜。直到 19 世纪，天文学家才逐渐了解了恒星的本质特征。如今我们知道，恒星是巨大的炽热气体星球，其中绝大部分是氢，少部分是氦。恒星发光时，天文学家可以准确地测量其亮度、颜色和温度。太阳以外的其他恒星距离地球非常遥远，它们看起来只是一些光点，即使是最强大的望远镜也难以观测到它们的表面特征。●

赫罗图

赫罗图生动地描述了恒星的演化过程，它显示了恒星的温度与光度的相互关系。最大的恒星是那些固有亮度最强的恒星，包括蓝巨星、红巨星和超巨星。恒星生命周期的 90% 都处在主序阶段。

固有亮度（太阳＝ 1）

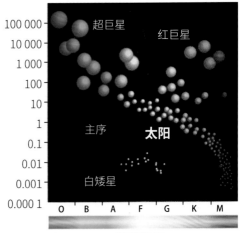

O 型
29 000 ～ 40 000℃

B 型
9 700 ～ 29 000℃

A 型
7 200 ～ 9 700℃

F 型
5 800 ～ 7 200℃

G 型
4 700 ～ 5 800℃

K 型
3 300 ～ 4 700℃

M 型
2 100 ～ 3 300℃

光年和秒差距

我们采用光年和秒差距这两个测量单位计算恒星之间的巨大距离。光年是光在真空中传播一年的距离，约 9.46 万亿千米。光年是一个距离单位，而不是时间单位。如果一颗恒星和地球之间的视差角是 1 角秒，那么它们之间的距离就是 1 秒差距。1 秒差距等于 3.26 光年，约 31 万亿千米。

颜色　最热的恒星是蓝白色（光谱类型为 O、B 和 A）的。最冷的恒星是黄色、橙色和红色（光谱类型为 G、K 和 M）的。

距离太阳小于 100 光年的主要恒星

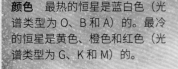

太阳
(G2)

半人马座
阿尔法星
(G2, K1, M5)

天狼星
(A0 和
矮星)

南河三
(F5 和
矮星)

牵牛星
(A7)

织女星
(A0)

北河三
(K0 巨星)

大角星
(K2 巨星)

五车二
(G6 和 G2 巨星)

光年

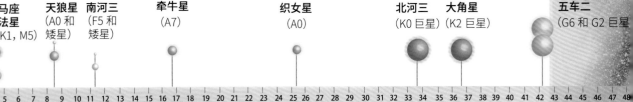

0　1　2　3　4　5　6　7　8　9　10　11　12　13　14　15　16　17　18　19　20　21　22　23　24　25　26　27　28　29　30　31　32　33　34　35　36　37　38　39　40　41　42　43　44　45　46　47　48

秒差距　0　1　2　3　4　5　6　7　8　9　10　11　12　13　14

天蝎座

半人马座 ω 星团
半人马座 ω 星团是一个由上千万颗恒星组成的球状星团。

昴星团
昴星团是一个含有超过 3 000 颗恒星的疏散星团，但是昴星团可能会在 2.5 亿年后散开，不再是一个星团。

距离测量

当地球环绕太阳运转时，离得近的恒星看起来在星空背景上移动的就越多。恒星在地球运转 6 个月的时间里产生的运动角度称为视差。恒星距离地球越近，视差越大。但是当恒星离地球越远，视差就越小，以至于无法测量。

视差

A 星的视差很小，它距离地球很遥远。

B 星的视差大于 A 星，所以它距离地球更近。

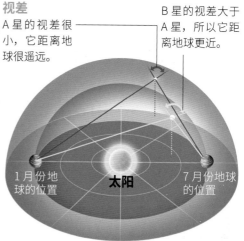

1 月份地球的位置

太阳

7 月份地球的位置

光谱分析

形成光线的电磁波波长各不相同。光从恒星等炽热物体发出来时，被分解成不同的波长，形成色带或光谱。恒星的光谱上通常会产生暗线图形。通过对这些图形的分析，可以判断出构成这颗恒星的基本元素。

钙　　氢　　　氢　　　　　　钠　　　氢

红色端的波长最长。

多普勒效应
恒星向着或逆着观察者所在位置运动时，其光波波长会发生变化，这种现象称为多普勒效应。如果恒星向着地球所在位置靠拢，光谱中的暗线会随着整个光谱发生蓝移。如果恒星逆着地球所在位置而去，则暗线会随着整个光谱发生红移。

波长 因恒星向我们靠近而被压缩。

恒星　　　　　　　　　　　地球

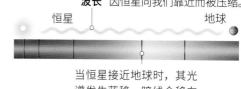

当恒星接近地球时，其光谱发生蓝移，暗线会移向光谱的蓝紫端。

北河二
（A2、A1 和 M1）

毕宿五
（K5 巨星）

北斗五
（A0 巨星）

轩辕十四
（B7 和 K1）

五车三
（A2 和 A2）

十字架一
（M4 巨星）

大陵五
（B8 和 K0）

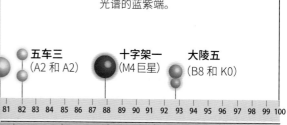

2 53 54 55 56 57 58 59 60 61 62 63 64 65 66 67 68 69 70 71 72 73 74 75 76 77 78 79 80 81 82 83 84 85 86 87 88 89 90 91 92 93 94 95 96 97 98 99 100

16　　　17　　　18　　　19　　　20　　　21　　　22　　　23　　　24　　25　　26　　27　　28　　29　　30

恒星的演变

恒星形成于星云。星云是气体（主要是氢）和太空中漂浮的尘埃组成的巨大云团。恒星的寿命长达数百万甚至上千亿年。最大的恒星寿命最短，因为它们以极高的速度消耗自己的核燃料（最初是氢）。而其他的恒星（比如太阳）则以相对较慢的速度燃烧燃料，寿命可以长达100亿年左右。一般情况下，初始质量小于8倍太阳质量的恒星最终会抛掉它的一部分或大部分物质而变成一颗白矮星，初始质量大于8倍太阳质量的恒星最终会因为星核的引力坍缩而变成中子星或黑洞。

大质量恒星，
大于 8 倍太阳质量。

小质量恒星，
小于 8 倍太阳质量。

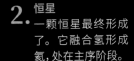

2. 恒星
一颗恒星最终形成了。它融合氢形成氦，处在主序阶段。

1. 原恒星
原恒星有一个致密的气态内核，周围环绕着由气体和尘埃组成的物质盘。

星云

由于引力作用，气体和尘埃云团发生坍缩。在这个过程中，星云温度升高，分裂成较小的云团。每一个云团都会形成一颗原恒星。

恒星的生命周期

恒星的演化周期取决于其自身的质量。较小恒星（比如太阳）的寿命也相对较长。当核心的氢耗尽后，恒星将启动核心周围的氢的聚变反应。然后，它将膨胀为红巨星并点燃核心的氦。当氦元素燃尽后，恒星的生命就走到了尽头，恒星的外壳被抛掉形成行星状星云，而核心物质将坍缩成一颗白矮星。大质量恒星可以在其核心炼成从氢一直到铁的各种化学元素。在其生命的最后阶段，恒星的核心坍缩，整颗恒星发生超新星爆发，仅剩下高密度残留物，即一颗中子星。绝大多数的重量级恒星在生命结束时会形成黑洞。

1. 原恒星 原恒星由气体尘埃云坍缩形成，其周围环绕着一个旋转的物质盘。

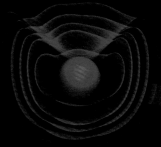

2. 恒星 恒星发光，慢慢消耗其氢元素。当核心的氢耗尽后，恒星将启动核心周围氢元素的聚变反应并膨胀为红巨星。

3. 红超巨星
恒星膨胀变热，经过核反应形成一颗很重的铁核。

4. 超新星
当恒星再也不能融合任何元素时，它的内核将发生坍缩，引发超新星爆发并释放巨大的能量。

5. 黑洞
如果恒星的初始质量大于20倍太阳质量，那么其内核密度会更高，从而演化成黑洞。黑洞的引力非常强大。

5. 中子星
如果恒星的初始质量为8～20倍太阳质量，那它最终会演化成一颗中子星。

6. 黑矮星 如果白矮星内的能量枯竭，就会变成黑矮星。

3. 红巨星 恒星将通过强大的星风损失大量的质量，但外层会继续膨胀。当核心温度达到1亿摄氏度时，恒星开始将氦融合成碳。

5. 白矮星 恒星仍然由气体环绕，但是看上去相当黯淡。

4. 行星状星云 当恒星的氦燃料耗尽后，其外壳被抛掉形成行星状星云，而核心则坍缩成白矮星。

95% 的恒星

生命终结之时会变成白矮星，其他较大的恒星则爆炸成为超新星。虽然它们的亮度经常被气体和尘埃遮蔽而变得朦胧，但仍能在数周甚至更长的时间内照亮其所在的整个星系。

红色、危险和死亡

恒星耗尽核心中的氢时，就开始走向灭亡。恒星的核心开始收缩，随着核心温度越来越高，恒星将启动核心周围的氢元素的聚变反应。当核心温度达到1亿摄氏度时，核心的氢开始聚变为碳。此时恒星进入红巨星阶段。与太阳类似的恒星（类太阳恒星）就遵循这样的演化规律。数十亿年之后，它们会变成白矮星并逐渐消亡。在它们的内部能量消耗殆尽之时就会变成黑矮星，彻底消失在太空视野中。

恒星的生命周期

红巨星

巨星

所有恒星都要经历巨星阶段。恒星会坍缩还是会在气体层中消亡，取决于它的质量大小。红巨星的内核因为缺乏氢而不断收缩。超巨星（初始质量大于8倍太阳质量）的寿命要短很多，它们最终会在一场被称为超新星的剧烈爆炸中坍缩。

直径

红超巨星。如果把它放在太阳系的中心，它的表面将抵达木星轨道附近。

红巨星。如果把它放在太阳系的中心，它只能抵达最近的行星，比如水星、金星和地球。

- 太阳
- 水星轨道
- 金星轨道
- 地球轨道
- 火星轨道
- 木星轨道
- 土星轨道

壮观的尺寸

恒星离开主序阶段后，其半径将扩大100~200倍。当恒星开始燃烧氦时，自身已无法回到平衡状态，只能不断交替膨胀与收缩，成为一颗脉动变星。

赫罗图

恒星耗尽核心中的氢之后，会离开主序阶段，变成一颗红巨星（或红超巨星），并燃烧氦。小型恒星要耗费数千亿甚至上万亿年才能离开主序阶段。红巨星的颜色是由其相对较冷的表面温度造成的。

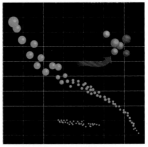

对流单体

对流单体为恒星表面带来热量。上行气流携带恒星内核中形成的少量元素，最终到达恒星表面。

1 恒星核心区
氢
即便恒星内核已经耗尽氢燃料，恒星核心周围的核聚变仍将继续。

2 氦
部分氦是恒星处在主序阶段时由氢聚变产生的。

3 碳
碳由红巨星内核中的氦聚变产生。

4 温度
当氦经历聚变时，恒星内核温度高达1亿摄氏度。

白矮星

经过红巨星阶段之后，类太阳恒星将把大部分气体外壳抛撒到太空中，形成行星状星云。剩下的核心将变成一颗白矮星——相对较小，但非常热的致密恒星。经过上百亿年的冷却之后，它的能量会消耗殆尽，变成一颗黑矮星。

热点

当大量白炽气体喷射流到达恒星表面时，会出现热点。在红巨星的表面可以检测到热点。

尘粒

尘粒在恒星外层大气中浓缩，然后以星风的形式扩散。尘埃拥有暗色外观，它们会被卷入新一代恒星形成的星际空间。

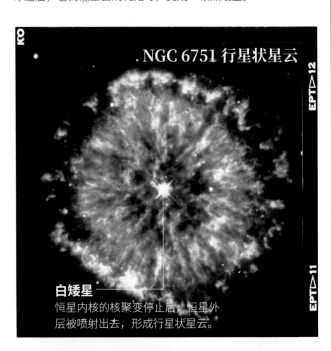

NGC 6751 行星状星云

白矮星
恒星内核的核聚变停止后，恒星外层被喷射出去，形成行星状星云。

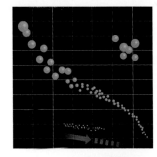

赫罗图

红巨星阶段之后，恒星会变为白矮星，占据赫罗图左下角的位置。质量巨大的白矮星可能会继续坍缩，形成一颗中子星。

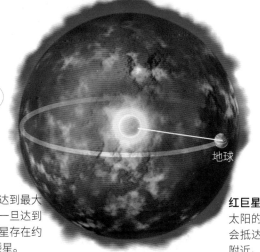

红巨星
太阳的表面可能会抵达地球轨道附近。

太阳的未来

就像其他恒星一样，太阳在主序阶段的时候燃烧氢。经过大约 50 亿年之后，太阳会把核心中的氢消耗殆尽，开始变成红巨星，其亮度增加，并不断膨胀直到吞没水星。在太阳体积达到最大值时，甚至可能会吞没地球。一旦达到稳定状态，它会继续作为红巨星存在约 10 亿年，其核心将演变成白矮星。

火星 金星 太阳 地球 水星
火星 金星 太阳 地球 水星
火星 金星 太阳 地球
太阳 地球

气壳

小质量恒星死亡后会留下膨胀的气壳，也就是行星状星云，但是与行星无关。一般而言，行星状星云通常具有对称性或球形形状。虽然还不能完全确定它们为什么会有这么大的差异，但是有可能与将要消亡的中央恒星的磁场效应有关。利用望远镜可以看到几个星云中都包含着一颗中心矮星，即前任恒星的残迹。

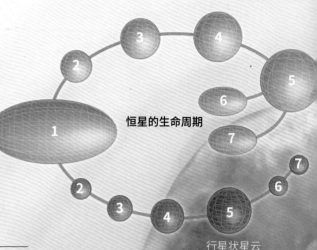

恒星的生命周期

行星状星云

蝴蝶星云

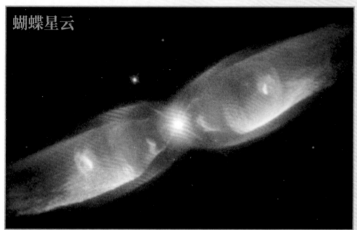

呼吸器星云

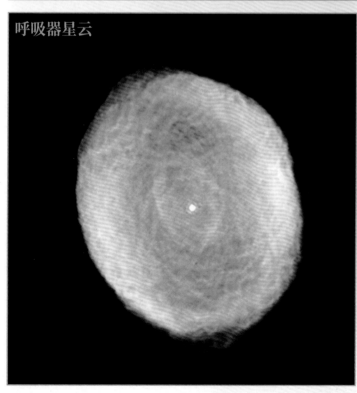

◀ **M2-9**

除了白矮星之外，蝴蝶星云还包含一颗恒星。两颗星在一个气体盘内绕轨道运行，该气体盘直径比冥王星的轨道直径大 1 600 倍。蝴蝶星云距离地球 2 100 光年。

太阳表面温度的 2 倍

白矮星表面的温度高达太阳表面温度的 2 倍，因此呈白色，尽管其光度不及太阳的千分之一。

◀ **IC 418**

呼吸器星云有炽热明亮的内核，来自内核的光会激发星云中的原子，使它们发光。呼吸器星云的直径约为 0.3 光年，距离地球 2 000 光年。

钱德拉塞卡极限

1983 年诺贝尔物理学奖获得者、天体物理学家苏布拉马尼扬·钱德拉塞卡计算出了一颗白矮星能够稳定存在的质量极限。如果白矮星的质量超过这个极限，那么它还会坍缩，变成中子星或黑洞。

1.44 倍太阳质量

这是钱德拉塞卡计算得出的极限值。如果超出这个值，白矮星会因不能支撑其本身的重力而坍缩。

白矮星

它是红巨星的残余物，位于星云的中心，会慢慢冷却变暗。

NGC 6543 猫眼星云

气体的
同心多圆

类似于洋葱的内部结构，围绕白矮星形成多层结构。每一层的质量都大于太阳系所有行星的总质量。

氢

环绕着恒星继续扩展的气体主要是氢，还有氦以及更少量的氧、氮和其他元素。

直径较小 ——
质量较大的白矮星

直径较大
质量较小的白矮星

▲ **白矮星的密度**

白矮星的密度约是水密度的 100 万倍。也就是说，每立方米的白矮星重达 100 万吨。一颗直径只有太阳直径百分之一的白矮星，质量却和太阳相当。

3 吨

这只是一勺白矮星的质量。虽然白矮星的半径在 0.008~0.02 个太阳半径之间，但它的质量却非常大。

NGC 7293 ▶
螺旋星云是一个行星状星云，是一颗类太阳恒星生命终结时产生的。它距离地球 700 光年，位于宝瓶座星群。

MYCn 18 ▶
两个彩色气体环形成了这个沙漏状的星云轮廓。照片中的红色是氮，绿色是氢。这团星云距离地球 8 000 光年。

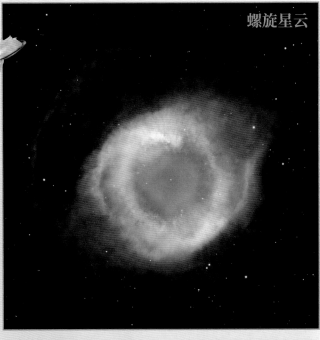

螺旋星云

沙漏星云

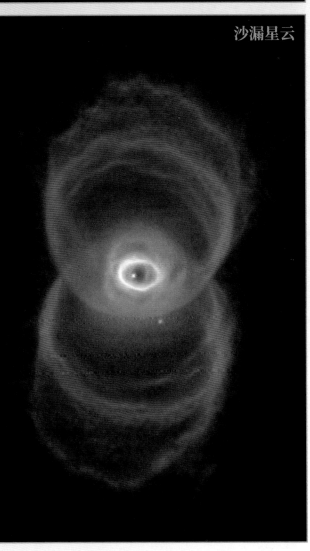

超新星

超新星是一颗巨大的恒星在其生命终结时剧烈爆炸形成的，伴随着爆炸释放出的巨大能量，亮度急剧增加。在数秒钟内，一颗超新星释放的能量可以比太阳整个生命周期释放的能量还要高 100 倍。爆发过程中，大量尘埃和气体被喷射到距恒星数光年远的地方，形成持续数千年甚至更久才能消散的超新星遗迹。据估计，银河系中每个世纪会产生 2 到 3 颗超新星。

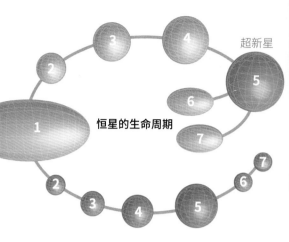

恒星的生命周期

超新星

◀ **1987 年 2 月 22 日**
这颗恒星处于生命周期的最后时刻。由于质量巨大，它会以爆炸的方式终止生命。图中显示了其惯常的发光度。

**1987 年
2 月 23 日** ▶
超新星爆发之后，这颗星球附近区域的亮度明显增加。

爆炸之前和之后
左侧图片显示的是大麦哲伦星云的一部分，一个距离地球约 16 万光年的不规则星系，它展示了 1987A 超新星爆发之前的状态。右侧的图片显示的是超新星。

大质量恒星的终结

初始质量超过 8 倍太阳质量的恒星演化到晚期时，中心会形成铁核。由于铁的聚变反应是一个吸热过程，所以核心区聚变到铁就不能再聚变下去了。随着铁核质量的不断增大，当其超过钱德拉塞卡极限时，核内的电子简并压将无法支撑恒星的自重，便开启核塌缩过程，并产生超新星爆发。

内 核

可以看到，恒星的内核被分离成不同的层，这些层对应核聚变过程中产生的不同元素。在恒星坍缩之前最后生成的元素是铁。

聚变
垂死超巨星内部核聚变的速度比红巨星中的更快。

超巨星

此类恒星的直径通常是太阳直径的 30~500 倍。通过核聚变，它能产生比碳和氧更重的元素。

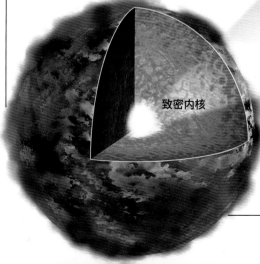

致密内核

其他元素

当一颗恒星的内核质量超过 1.44 倍太阳质量时，这颗恒星就不能继续支撑其本身的重力，最终会坍缩。随之发生的爆炸中产生了比铁重的元素，比如金和银。

爆　炸

恒星的生命最终在巨大的爆炸中结束。这种爆炸极其明亮，过程中所释放的电磁辐射经常能够照亮恒星所在的整个星系，并可能持续几周至几个月甚至几年才会逐渐衰减。

生命终止
中子星或黑洞的形成取决于死亡恒星的初始质量。

超大质量
船底座伊塔星的质量比太阳大 100 多倍。天文学家认为船底座伊塔星将会爆炸，但不确定具体是什么时候。

船底座伊塔星

气体和尘埃
气体和尘埃在两个可见裂片上大量积聚，吸收其中心发出的蓝光和紫外线。

蟹状星云

恒星残余物

 当恒星爆炸形成超新星之后，会在太空中留下重元素（比如碳、氧和铁），这些元素在恒星爆炸之前位于内核之中。蟹状星云（M1）是由一颗中国天文学家在 1054 年发现的超新星生成的。蟹状星云距离地球 6 500 光年，直径约 11 光年。生成蟹状星云的恒星的初始质量大约为 10 倍太阳质量。1969 年，科学家在蟹状星云中心发现了一颗向外辐射电磁波，并每秒旋转 30 周的脉冲星，它使蟹状星云成为一个强大的辐射源。

最终的黑暗

恒星内核演变到最后阶段会变成一个密度非常高的致密星体。具体情况取决于恒星的初始质量。初始质量大于 20 倍太阳质量的恒星将变成黑洞，它们的密度非常大，以至于其引力能够捕获光。探测这些死亡恒星的唯一途径是搜寻它们的引力作用。●

恒星的生命周期

黑洞

中子星

发现黑洞

观测太空中黑洞存在的方法之一是探测它对周围恒星的影响。由于黑洞的引力非常强大，周围恒星的气体会被黑洞吸收，以很高的速度向着黑洞旋转，形成一种名为吸积盘的结构。气体之间的摩擦使其温度升高，直到发出明亮的光芒。吸积盘最热部分的温度可能高达数十亿摄氏度，而且是一个 X 射线源。黑洞具有如此强大的引力，能吸引任何靠近它的物体，可以说任何物质都难以逃脱它的魔掌，即使是光也不例外，连最先进的望远镜也看不到它。有些天文学家认为超大质量黑洞的质量可能是太阳的百万倍，甚至百亿倍。

吸积盘

吸积盘是黑洞在吸入气体、尘埃和空间碎片等物质时，在其周围形成的非常明亮的超加速粒子搅动团。在非常靠近黑洞的吸积盘区域，会发出 X 射线。吸积盘中的物质以非常高的速度旋转。

X 射线
气体进入黑洞时被加热并发出 X 射线。

彻底逃离
远离黑洞事件视界（黑洞周围物质有去无回的边界，在边界以外观测不到边界以内的任何事件）的光线能继续传播，不受影响。

接近极限
当光线靠近黑洞的事件视界，由于引力红移效应，光线会变红和变暗。

黑暗
任何进入黑洞事件视界的光线都会被黑洞捕获。

横截面

吸积盘　　　X 射线

热气体　　　黑洞

发光气体

吸积盘中的气体高速旋转，越靠近事件视界转速越快，高速气体之间的摩擦会产生大量的热，使吸积盘中心部分气体温度达到惊人的高度并发出强烈的 X 射线。

中子星

如果恒星的初始质量为 8～20 倍太阳质量，那么其核心最终将演化为一颗中子星，由于具有极强的磁场，中子星通常会沿着磁极方向发射无线电波束（射电波）。中子星一旦高速旋转起来就成为脉冲星。如果脉冲星的磁极恰好朝向地球，那么随着自转，脉冲星发出的射电波束就会像一座旋转的灯塔那样一次次扫过地球，形成规则的周期脉冲。

强引力

黑洞的引力能吸引附近恒星的气体。这些气体形成巨大的螺旋状，越靠近黑洞旋转速度越快。黑洞产生的引力场非常强大，以至于能够捕捉任何靠近它的物体。

1 红巨星
恒星变成红巨星时，直径将膨胀到原来的 100 倍以上。

2 超巨星
超巨星在耗尽氦之后能继续融合更重的元素，直到融合出铁。

3 中子化
恒星的铁核坍缩。强大的引力把原子中的电子压进原子核，形成中子。

超新星爆发
铁核中子化过程中释放的能量将恒星的外壳爆开，这就是超新星爆发现象。

4 致密内核
内核的准确成分目前尚无定论。绝大多数相互作用的粒子是中子。

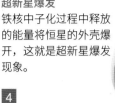

10 亿吨

这只是一勺中子星的重量。中子星的直径虽小，但它可能有一个压缩的超致密内核，并伴随着强大的引力作用。

脉冲星

第一次发现脉冲星（高速旋转并发出无线电波的中子星）是在 1967 年。脉冲星约以 30 周／秒的速度旋转，拥有非常强大的磁场。脉冲星在旋转的时候从两个磁极发射无线电波。如果一颗脉冲星从周围恒星吸引气体，就会在脉冲星表面产生一个发射 X 射线的热点。

弯曲的空间
广义相对论认为，引力不是一种力，而是空间的变形。这种变形产生了重力井，其深度取决于物体的质量。物体通过空间的弯曲而吸引其他物体。

脉冲星的结构

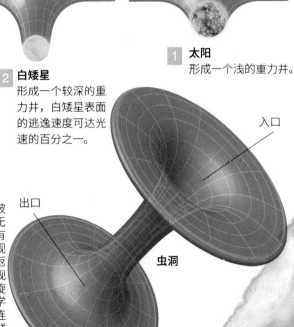

3 中子星
表面的逃逸速度接近光速的一半。它的重力井更明显。

2 白矮星
形成一个较深的重力井，白矮星表面的逃逸速度可达光速的百分之一。

1 太阳
形成一个浅的重力井。

入口

出口

虫洞

4 黑洞
人靠近黑洞的物体会被黑洞吞噬。黑洞的重力井无限深，能吞噬靠近它的所有物质甚至光线。黑洞事件视界是个一旦越过，便不可返回的边界。任何跨越事件视界的物体都会随着一个螺旋路径进入重力井。有些科学家认为存在所谓的虫洞（连结两个不同时空的空间隧道），并假设通过该隧道穿越宇宙是可能的。科学家认为，利用空间弯曲，能在数秒钟之内从地球移动到月球。

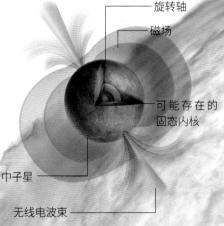

旋转轴
磁场
可能存在的固态内核
中子星
无线电波束

吞噬伴星上的气体

在双星系统之内，脉冲星跟黑洞类似。脉冲星的引力使得它能够从作为伴星的恒星上吸积气体物质，这些气体会被脉冲星的磁场引导到磁极，产生两个或多个局部 X 射线热点。

星系解析

星系是由数量庞大的恒星系、星际气体、尘埃和暗物质等组成，并受到引力绑定的运行系统。200 多年前，哲学家伊曼努尔·康德就假设星云是遥远恒星聚集在一起所形成的宇宙岛。虽然现在天文学家已经知道星系中的恒星和星际物质是通过引力作用维系在一起的，但是尚不能破译到底是什么原因形成了不同形状的星系。不同类型的星系有不同的形状，从含有大量古老恒星的椭圆星系到从星系中央伸展出富含年轻恒星的旋臂的旋涡星系等。星系中心集聚的恒星数量最多。现在我们知道银河系非常广大，尽管光线每秒能传播 30 万千米，但光线从银河系的一端到达另一端也需要 10 万年。

恒星都市

第一批星系形成于大爆炸之后的 3.5 亿年左右。关于星系有两个最重要的发现，这要归功于天文学家埃德温·哈勃。1923 年，他指出，在夜空中可以看到的部分云雾状的天体，实际上是遥远的星系。哈勃的发现结束了当时天文学家认为银河系就是整个宇宙的观点。1929 年，根据众多对恒星光谱的观察资料，哈勃指出星系的光线出现了红移现象（多普勒效应）。这种效应表明众多星系正在远离银河系，他的结论是宇宙正在膨胀。但是宇宙

碰撞

在距离地球约 3 亿光年的地方，两个星系碰撞形成一对，它们在一起被昵称为"老鼠"，因为每个星系都拖着一条长长的尾巴。随着时间的推移，这两个星系将融合为一个更大的星系。有人认为，将来的宇宙将由少数巨型星系组成。

双鼠星系

1

12 亿年前
触须星系（NGC 4038/NGC 4039）是两个独立的螺旋星系。

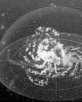

2

9 亿年前
这两个星系开始相撞。

银河系

从侧面看，银河系就像一个扁扁的、中间膨胀的碟子。环绕着这个碟子的是一个球形区域，称为光晕，其中包括暗物质和球状恒星群。从六月到九月，银河系都特别明亮，从上面比从侧面看起来更明显。

哈勃的星系分类

椭圆星系

有些星系的形状是椭圆形，星系中的尘埃和气体很少。它们的质量大不相同。

旋涡星系

在一个旋涡星系中，一个由年老恒星组成的核心区域周围环绕着一个由恒星组成的扁平碟以及两个或多个旋臂。

不规则星系

不规则星系在外观上很混乱，没有规则的形状。它们含有大量的气体和尘埃云。

子分类

根据它们的趋圆性、是否有轴以及臂长，星系可以再分成不同的子类。E0 星系是椭圆形的，但是最接近圆形，而 E7 星系是最扁平的。Sa 星系有一个巨大的中心轴以及蜷曲的旋臂，而 Sc 星系的轴较细，旋臂大而松弛。

武仙星系团

星系集团

星系趋向于聚集成群或团。由于引力作用，它们可以在任何地方形成星系集团，其中的星系数量则从数十个到数千个不等。这些星系集团有不同的形状，天文学家认为它们结合在一起时会扩张。上图显示的阿贝尔 2151（武仙星系团）距离地球大约 5 亿光年。图中每一个点代表一个星系，而每个星系由上千万到数万亿颗恒星构成。

的扩张并不意味着星系数量的增加。相反，星系可能会碰撞并合并。当两个星系碰撞时，它们会发生不同程度的变形。随着时间的推移，星系的数量会越来越少。有些星系的形状非常特别，本页中间的图像显示的是草帽星系，它有一个明亮的白色内核，周围环绕着厚厚的螺旋状尘埃带。

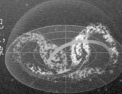

3

6 亿年前
两个星系已经交错而过，看起来就像双鼠星系。

4

3 亿年前
两个星系的恒星被相互牵扯出来。

5

现在，
两道被牵扯出的恒星流已经从原来的星系伸展到了很远的地方。

恒星都市群

有很长一段时间，我们的星系（称为银河系，因为它很像夜空中的一条银色河流）一直是一个谜。伽利略在 1609 年制造了一台望远镜，首次对银河系进行观察，他看到那条明亮的白色条带是由成千上万颗星星组成的，这些星星看起来非常靠近，几乎能碰到彼此。渐渐地，天文学家开始意识到所有这些星星，就像我们的太阳一样，是这个巨大系统——星系的一部分，这就是我们的恒星都市群。●

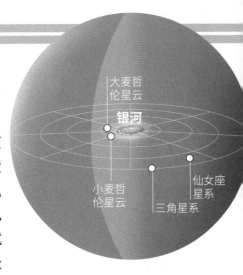

大麦哲伦星云
银河
小麦哲伦星云
仙女座星系
三角星系

银河系的结构

银河系由数千亿颗恒星组成，包含 2 条主要旋臂（英仙臂和盾牌 - 半人马臂）和 2 条次要旋臂（矩尺臂和人马臂）。人马臂位于猎户臂（又称本地臂）和银心（银河系中心）之间，拥有星系中最明亮的恒星之一——船底座伊塔星。英仙臂是银河系最靠外的主要旋臂。猎户臂位于英仙臂和人马臂之间，太阳系就在其内侧边缘。银河系的猎户大星云是一个恒星制造工厂，包含有数以千计的新生恒星、以及孕育恒星的柱状星际尘云。

旋转

银河系的绝大多数恒星都集中在一个被称为银盘的扁平盘状区域里。理论上，恒星离银心越近，围绕银心运动的速度也应越快；越往外的恒星，运动得越慢。但实际观测结果却是，银河系外围区域的恒星和中心区域的恒星没有明显区别，同样保持较高的速度运动。

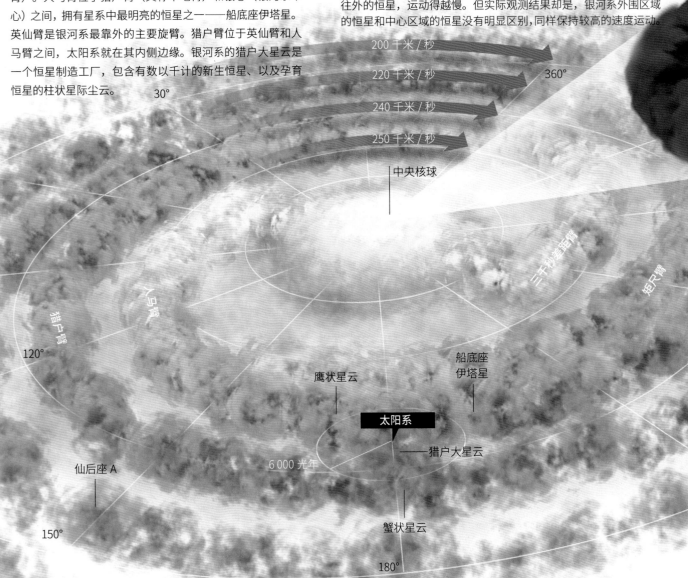

30°

200 千米 / 秒
220 千米 / 秒
240 千米 / 秒
250 千米 / 秒
360°

中央核球

三千秒差距臂

矩尺臂

120°

猎户臂

人马臂

英仙臂

鹰状星云

船底座伊塔星

太阳系

猎户大星云

6 000 光年

仙后座 A

150°

蟹状星云

180°

中央区域

由于银心被厚厚的尘埃云覆盖着，而尘埃云容易吸收可见光，因此很难在可见光波段对其进行观测。但 X 射线、红外线和射电波段受到的影响较小，成为研究银心的主要途径。银河系中央呈球状的明亮凸起部分，称为银核，这个区域由高密度的恒星组成，主要是年龄大约在 100 亿年以上的老年红色恒星。通过射电望远镜，天文学家在银核中心位置发现了一个很强的射电源，称为人马座 A*。它的视大小只有约 40 微角秒，430 万倍太阳质量的物质都集中在这个尺度上，意味着这里很可能是一个致密天体，甚至是黑洞。

人马座 B2
人马座 B2 是银河系中心最大的气体星云，云中还含有乙醇、甲醇等有机化合物。

磁力
银河系的中心环绕着强磁场，它或许来自一个旋转的黑洞。

黑洞
天文学家现在知道，人马座 A* 就是银河系中心的超大质量黑洞。

吸积盘
黑洞强大的引力会把气体和尘埃等物质吸入其中，被吸引的物质会围绕黑洞旋转形成吸积盘。

新生的恒星
科学家已经在银河系中心黑洞附近发现了非常年轻甚至处于形成阶段的恒星，而此前人们认为那里只能存在非常古老的恒星。

给黑洞拍照

相对来说，人马座 A* 并不是人类观测到的最大质量的黑洞，但是它距离地球最近，只有 26 000 光年，被看作是研究黑洞的最佳对象。2022 年 5 月 12 日，事件视界望远镜（EHT）合作组织公布了首张人马座 A* 黑洞的照片。

该组织协调了位于全球 6 个地方的 8 台射电望远镜或阵列，让它们在 2017 年 4 月的 5 个晚上，同时对银河系中心按下"快门"，从而采集了黑洞的观测数据。

外环
人马座 A* 黑洞很可能是宇宙早期由一颗超大质量恒星爆炸形成的，其周围巨大的尘埃环或许是孕育行星的理想场所。

270°

240°

210°

盾牌–半人马臂

外缘旋臂

庞大的星系

在通过光学设备（采用可见光）拍摄的照片上，银心是银河系中最明亮的区域，它位于人马座方向。夜空中的亮带由几乎无法计量的众多恒星组成。在有些情况下，恒星受到浓密的暗星云遮挡，使得银河系的某些区域看起来非常暗。银河系的旋臂是恒星数量最多的地方之一，主要成员大多是明亮的年轻恒星，以及由之产生的气体和尘埃。这些恒星照亮了它们的周边并使得旋臂看起来更加明显。太阳离银河系中心的距离为 26 000 光年，绕银心旋转的速度为 236 千米 / 秒，绕行一周大约要 2.12 亿年。

可见光下看到的银河

人马座星群
人马座方向的银河最为宽阔和明亮。

暗星云
银河系中不发光的弥漫物质所形成的云雾状天体。

结构
银河系自内向外分别由银心、银核、银盘、银晕和银冕组成。

恒星
组成银河系的恒星数量极多，我们不可能把它们都识别出来。

约 100 000
光年
银河系很庞大，直径约为 10 万光年，但它的个头在整个宇宙中只能算是一般。

太阳系

火星上的奥林波斯山
奥林波斯山是太阳系已知最大的火山，高度是珠穆朗玛峰的 2.5 倍。

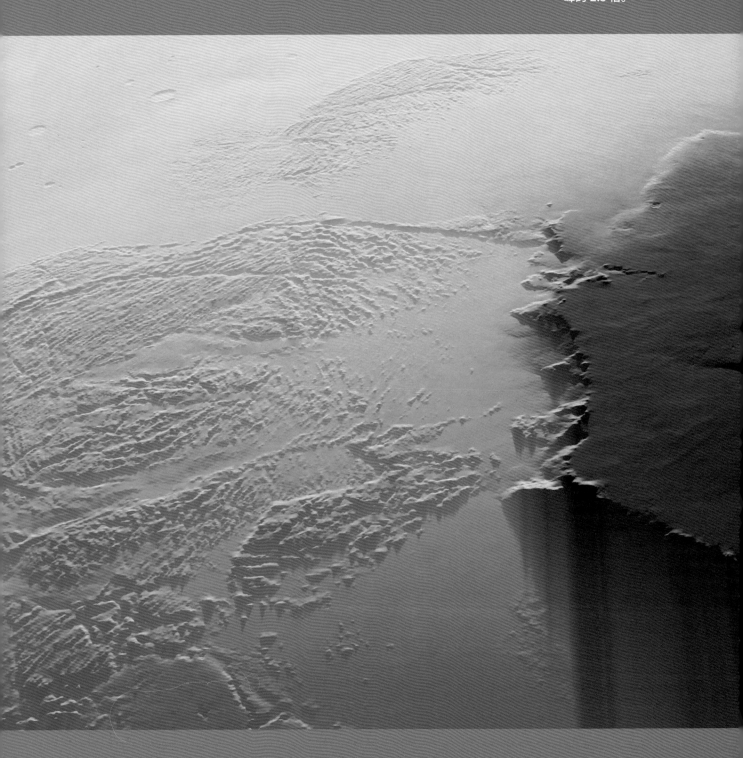

在构成银河系的数千亿颗恒星中，有一颗中等大小的恒星，位于银河系的一个旋臂上，那就是太阳。对古人来说，太阳就是神；对我们而言，太阳是产生热量、维持生命的能源中心。这颗恒星以及环绕它运转的行星和其他天体构成了太阳

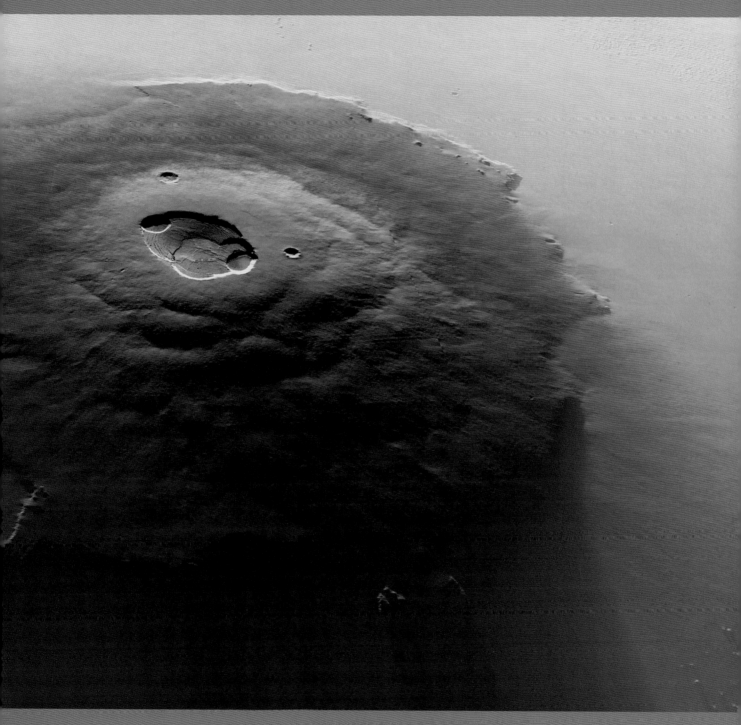

系，这个恒星系大约于 46 亿年前形成。围绕太阳运转的行星自己不能发光，但它们能反射太阳光。除了地球之外，火星是人类探测次数最多的行星。上图是火星上奥林波斯山的一张照片，它是整个太阳系已知最大的火山，高度足足是珠穆朗玛峰的 2.5 倍。●

被一颗恒星吸引

太阳系由太阳、各大行星及其卫星、小行星、其他岩质天体和无数彗星类物质组成，有些与太阳之间的距离超过1.6万亿千米。17世纪，天文学家约翰尼斯·开普勒提出了一种模型试图解释太阳系天体的动力学原因。根据他的观点，行星沿椭圆形轨迹（称为轨道）围绕太阳运行。通常情况下，行星的运动受太阳的引力场影响而产生。在天文学领域快速发展的今天，其他恒星也有行星或类行星天体环绕其运动已是众所周知的事情。●

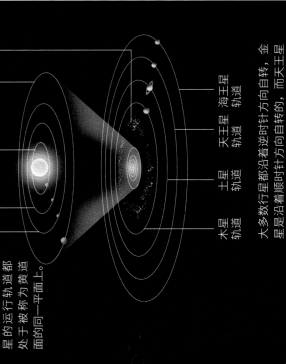

轨道
一般而言，各行星的运行轨道都处于太阳的黄道面的同一平面上。

地球轨道　水星轨道　金星轨道　火星轨道　小行星带
木星轨道　土星轨道　天王星轨道　海王星轨道

大多数行星都沿着逆时针方向自转，金星是沿着顺时针方向自转的，而天王星则是侧向旋转的。

带外行星

指太阳系内轨道位于小行星带以外的行星，它们都是拥有固态核心的巨型气态球体。由于与太阳距离较远，这些行星上的温度一般都非常低。光环系统木星的质量相当于太阳系内其他行星质量总和的2.5倍。其中，最大的行星为木星：它可以容纳1 300多个地球。

海王星
直径 49 528 千米
卫星 14 颗
海卫一　海卫八　海卫二

天王星
直径 51 118 千米
卫星 27 颗
天卫三　天卫四　天卫一　天卫五　天卫十五

土星
直径 120 536 千米
卫星 83 颗
土卫六　土卫五　土卫八　土卫四

行星的形成

早昆的观点认为行星是逐步形成的，开始于尘埃粒子的粘合。今天的科学家则认为，行星的形成源自被称作星子的较大天体的碰撞和融合。

1
起源
太阳形成时剩下的物质，在其周围形成了一个由气体和尘埃构成的原行星盘。星子就产生于此。

2
碰撞
经过彼此间的碰撞，不同大小的星子融合在一起形成了更大的天体。

3
热量
碰撞过程产生了大量的热量。其中一部分热量叟留在了行星的内部。

太阳引力
太阳引力不仅使各大行星留在了太阳系内，还能影响这些行星围绕太阳公转的速度。离太阳越近的行星，公转速度越快。

带内行星
带内行星位于小行星带以内，它们都是岩质行星，其内部的地质运动（如火山作用）能使它们的表面发生变化。除了水星，其他3颗带内行星都有一定厚度的大气。虽然情况各有不同，但这些大气在维持各自表面温度方面确实起到了重要的作用。

火星
直径6 780千米
卫星2颗

火卫一 · 火卫二

地球
直径12 756千米
卫星1颗

月球

金星
直径12 104千米
没有卫星

水星
直径4 878千米
没有卫星

太阳

小行星带
带内行星和带外行星以由数百万个不同大小的岩质天体构成的小行星带为界限。这些岩质天体的运行轨道受到巨大的木星引力的影响，使得它们无法汇聚成行星。

木星
直径142 984千米
卫星95颗

木卫三 · 木卫四 · 木卫一 · 木卫二

一颗炽热的心

太阳位于太阳系的中心，是我们的一切光与热量的源泉。太阳的能量来源于氢原子核聚变产生氦原子核的过程。太阳放射出来的能量可穿过宇宙空间到达太阳系中的各个星体。太阳因核聚变反应而持续发光，一旦太阳耗尽了其核心的所有氢燃料，它也将走到生命的尽头，而那应该是大约 50 亿年后的事情。

巨型气态星球

太阳是由温度相当高的气体构成的巨型球体，其主要成分是氢（73.9%）和氦（24.9%），其余为多种微量元素，如碳、氮和氧等。这些元素受极高的温度和压力环境的影响，均处于等离子状态。

特征参数

天文符号

基础数据

与地球的平均距离	149 597 870 千米
赤道直径	1 391 000 千米
质量 *	332 900
密度	1.4 克 / 厘米³
表面温度	5 500℃
大气	浓厚
卫星	无

* 地球 =1

氢核聚变

核心极特殊的温度和压力有助于氢核的聚集。在低能量状态下，氢核会相互排斥；但处于太阳中心的环境中，氢核可以克服排斥力而发生聚变。每 4 个氢核经过一系列核反应产生 1 个氦 -4 原子核。

对流层

对流层是从光球层底部一直向下延伸至 0.3 个太阳半径的区域。在这个区域内，气流会通过对流将能量向上运送至其表面。

辐射层

辐射层从距离太阳中心 0.2 个太阳半径处延伸至 0.7 个太阳半径处。在这一层中，太阳的能量主要通过辐射传输的方式向外传递。

2 000 000~ 7 000 000℃

氦-4 原子核

质子 1

3. 氦 -4 原子核
2 个氦 -3 原子核相互碰撞；结合形成 1 个氦 -4 原子核（包含 2 个质子和 2 个中子）；并释放 1 对质子。

质子 2

1. 核碰撞
2 个氢原子核（即质子）碰撞并融合成 1 个氘原子核（包含 1 个质子和 1 个中子），其中 1 个质子经由释放出 1 个正电子和 1 个中微子而转化为中子。

氘原子核
质子 ——
正电子
中子 ——
中微子

氦 -3 原子核

光子

2. 光子
正电子立刻就和电子湮灭，它们的质量转换成 2 个伽马光子。氘原子核则与 1 个质子碰撞并融合成 1 个氦 -3 原子核（包含 2 个质子和 1 个中子），这个过程会再次释放 1 个伽马光子。

表面和大气层

我们看到的太阳表面其实叫作光球（又称光球层），这是一层不透明的气体薄层，也是太阳大气最低的一层，几乎所有的可见光都是从这一层发射出来的。光球层上面是太阳大气的中间层——色球层和太阳大气的最外层——日冕层。太阳核心产生的光子会经历无数次的吸收和再发射，需要 10 万年到 100 万年才能到达太阳表面并进入太空。

光球层

太阳的这个可视表面由一层薄薄的等离子状态的气体构成，厚度约为 500 千米。光球层最上层气体的密度较低，但透明度却有所增加，太阳辐射以光线形式离开太阳。科学家已通过对光球层的光谱研究证实，太阳的主要组成成分是氢和氦。

5 500℃

核心

太阳核心的体积仅占太阳总体积的 2%，但却占据近一半的太阳质量。太阳核心的巨大的压力和极高的温度导致了核聚变反应的发生。

15 000 000℃

太阳黑子

太阳黑子为温度（4 000℃）比光球层温度（5 500℃）低的气体区域，因此表现为黑色。黑子由本影和半影构成。

本影

黑子中心区域，为太阳上温度最低、亮度最暗的区域。

半影

本影周围的区域，比本影温度高，也比本影亮。

色球层

光球层上面是色球层，密度非常低，厚度为 2 000 多千米。其温度随高度的变化而变化，为 4 500~500 000℃。

色球层的最高温度为

500 000℃。

针状物

针状物是色球层喷吐出的垂直气体喷射流，通常能到达 1 万千米的高度。它们像喷泉一样间歇性地从太阳表面往外喷射到日冕中。

巨型针状物

指空间尺度较大的色球针状物，它们通常能到达 4 万千米的高度。

日冕

位于色球层之上，并向宇宙空间延伸了数百万千米，其温度高达 100 万摄氏度左右。日冕中存在一些不规则的暗黑区域，叫冕洞。冕洞是日冕中气体密度较低的区域。

太阳风

太阳风是从太阳上层大气射出的超声速等离子体流。太阳以太阳风的形式，每秒流失约 160 万吨的物质。

日珥

从太阳表面拱起的扭曲磁场可以捕获太阳大气中的电离气体，将其悬浮在巨大的环形结构中。这些雄伟的等离子"拱门"就是日珥。

太阳耀斑

发生在太阳大气局部区域的一种极为强烈的爆发现象，通常伴随着强烈的辐射和高能粒子的释放。

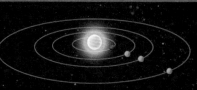

地狱行星：水星

水星是距离太阳最近的行星，也因此成为受太阳影响最强烈的星球。由于离太阳很近，水星在环日轨道上的运行速度非常快，其公转周期仅为 88 天。水星几乎没有大气层，其表面干旱、崎岖，有不计其数的陨石撞击时形成的环形山（又称撞击坑），看起来很像月球。此外，水星表面还有无数早期冷却过程中形成的断层。由于长时间处于太阳的烘烤之下，水星表面的温度最高达 427℃。

带有"伤疤"的表面

水星表面与月球表面非常相似，上面有很多大小不一的环形山，其中最大环形山的直径可达 1 550 千米。水星表面还有丘陵和山谷。1991 年，人类用射电望远镜观测到了一些能表明水星极地地区可能存在水冰的证据，获得了一些"水手 10 号"探测器不曾探测到的信息。"水手 10 号"于 1974—1975 年 3 次飞越水星。一些极深的环形山底部有极地冰，这些环形山使极地冰不至于暴露在太阳光下。2004 年，"信使号"探测器发射成功，于 2011 年开始环绕水星运行，以获取关于水星表面和磁场的最新信息。2018 年，人类又发射了"贝比科隆博号"水星探测器。

卡路里盆地

又称卡路里平原，是太阳系中最大的撞击坑之一，直径为 1 550 千米。

有迹象表明，曾经有熔岩流过此坑。

造成撞击坑的撞击发生时，水星尚处在形成过程中。撞击产生的地震波汇聚在水星对侧，对那里的地貌造成了巨大破坏。

贝多芬盆地

是水星上的第三大撞击坑，其直径达 630 千米，地面有熔岩流过的痕迹及后来与陨星撞击的痕迹。

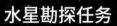

水星勘探任务

"水手 10 号"是第一个造访水星的空间探测器。1974—1975 年，这个探测器 3 次飞越水星，最近时距离水星表面只有 327 千米。"信使号"探测器于 2004 年发射，于 2008 年 1 月首次飞越水星，并于 2011 年 3 月成功进入水星轨道。

"水手 10 号"

"信使号"

在环绕水星运行前，该探测器已于 2008 年飞越水星两次，于 2009 年飞越水星一次；2011 年 3 月 18

日 12 时 45 分，"信使号"成功进入水星轨道，成为首个围绕水星运行的探测器。

构成和磁场

▶ 与地球一样，水星也有磁场，只是磁场较弱。水星的磁场主要源于其庞大的部分熔融的铁核。科学家认为，包围在水星核心外部的幔和壳主要由硅酸盐岩石构成。

壳

水星的壳主要由硅酸盐岩石组成，类似于地球的地壳和地幔，其厚度约为 100 千米。

核

致密而庞大；主要由铁构成，直径估计约为 4 148 千米。

幔

主要由硅酸盐岩石构成，厚度约为 300 千米。

极其稀薄的大气层

水星几乎没有大气层，极其稀薄的一层大气既不能保护水星免受太阳光照射，更不能保护它免受陨星撞击。白天，当水星面对太阳时，其温度高达 427℃；到了夜晚，温度又急速下降至 -173℃。

夜晚，水星在白天吸收的热量会迅速散失，温度骤降。

白天，太阳直射水星，烘烤着水星的表面。

-173℃   427℃

特征参数 ☿

天文符号	
基础数据	
与太阳的平均距离	57 900 000 千米
公转周期（水星年）	88 地球日
赤道直径	4 878 千米
平均轨道速度	47.87 千米 / 秒
质量 *	0.06
重力 *	0.38
密度	5.43 克 / 厘米³
最高温度	427℃
大气	几乎不存在

* 地球 =1。

自转轴倾角
0.034°

水星自转一周需要 59 个地球日。

自转与公转

▶ 水星的自转速度非常慢，其自转周期约为 59 个地球日，但其公转周期仅为 88 个地球日。受水星自转和公转运动的影响，当观测者从水星上进行观测时，在水星表面看到连续 2 次日出的时间间隔长达 176 个地球日，即在水星表面某个位置上看到日出的人，要等这颗星球围绕太阳公转 2 周（或自转 3 周）后才能看到下一次日出。

水星环绕太阳的轨道

每个数字对应一个在水星上看到的太阳在天空中的位置。

水星上看到的太阳

6 接下来再掉头继续从东向西运行

3 到达最高点（中午），然后静止在空中

4 之后会掉头从西向东运行

5 此后再次静止

2 继续上升，并向西运行

7 逐渐落下去

1 太阳升起

水星地平线

我们的邻居：金星

金星是距离太阳第二近的行星，其大小与地球相似。金星表面被火山岩覆盖，其大气层是厚重而浓密的气体混合物，主要由二氧化碳构成。虽然大约 40 亿年前的金星大气层与地球大气层几近相似，但如今的金星大气层的密度已是地球大气层密度的近 100 倍。金星的上空有浓密的硫酸云层，所以站在金星上看不到天空中的任何星星。金星的亮度足以让地球上的人在白天也能看到它；到了夜晚，它的亮度仅次于月亮。因此，从最远古的文明时期开始，人类就已经对金星的运动有了很多了解。

特征参数 ♀

天文符号	
基础数据	
与太阳的平均距离	108 000 000 千米
公转周期（金星年）	224.7 地球日
赤道直径	12 104 千米
平均轨道速度	35 千米 / 秒
质量 *	0.815
重力 *	0.9
密度	5.25 克 / 厘米³
平均温度	460℃
大气	非常浓厚
卫星	无

* 地球 =1

自转轴倾角
177°
金星自转一周需要 243 个地球日

温室效应
只有 20% 的太阳光线能够到达金星表面。金星大气层中浓厚的硫酸云层和二氧化碳能够将其他太阳光反射出去，使金星表面永远处于昏暗之中。

太阳辐射
金星的炽热主要缘于其浓密的大气层，因为它能够保存太阳光的能量。

红外线
金星表面可辐射红外线，仅 20% 的太阳光线能够穿过金星浓厚的硫酸云层。

构成

二氧化碳占据金星大气层成分的压倒性比例，引发了温室效应，使金星表面的温度最高可达 482℃。正因为如此，虽然与水星相比，金星离太阳的距离较远，而且几乎反射了 80% 的太阳光，但它的温度却比水星高。金星表面的温度相对稳定，平均温度在 460℃ 左右。金星表面的大气压是地球表面的 90 多倍。

大气层
金星光亮的外表主要缘于其浓厚和令人窒息的大气层。这个大气层主要由二氧化碳构成，其中含硫酸的云层能够反射太阳光线。

幔
金星的幔由硅酸盐岩石构成，是金星内部结构最大的部分。这层幔部分熔融，厚度约为 3 000 千米。

核
人们相信，金星的核与地球的相似，主要由金属元素铁和镍构成。金星没有磁场，这可能是因为它自转较慢的缘故。

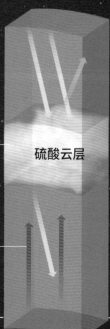

硫酸云层

金星上没有水。研究表明，40 亿年前的金星大气层很像现在的地球大气层，并且那时的金星表面可能存在许多的液态水。

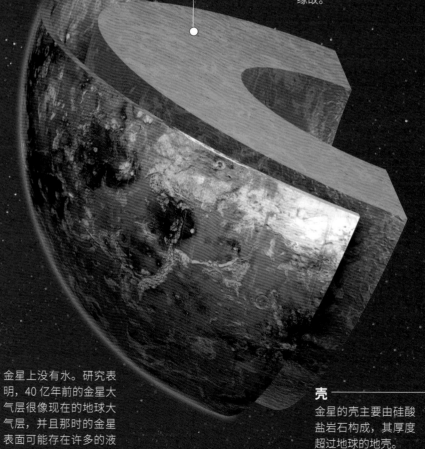

壳
金星的壳主要由硅酸盐岩石构成，其厚度超过地球的地壳。

金星的相位

由于金星围绕太阳转动，从地球上看，金星受太阳照射产生的光照变化取决于它在太阳和地球之间的位置。因此，金星与月球相似，也有相位变化。当金星的相位介于"弦月"和"蛾眉月"之间时，它看起来最为明亮。

地球上看到的金星相位　上蛾眉月　上弦月　盈凸月　亏凸月　下弦月　下蛾眉月

地球　金星　太阳　地球上看不到金星的"新月"和"满月"状态。

表面

金星形成后，其表面并非一成不变。目前的表面大约形成于 5 亿年前，但我们所看到的多岩地形是由剧烈的火山作用造成的。火山岩覆盖了大约 90% 的金星地表。金星表面分布着纵横交错的广阔平原和熔岩流以及一些山脉。熔岩流形成了许多沟壑，其中一些沟壑非常宽。

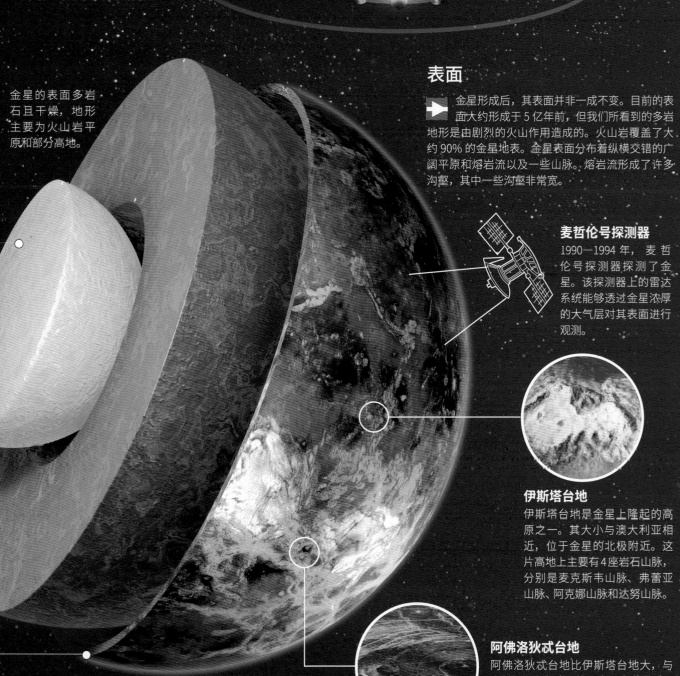

金星的表面多岩石且干燥，地形主要为火山岩平原和部分高地。

麦哲伦号探测器

1990—1994 年，麦哲伦号探测器探测了金星。该探测器上的雷达系统能够透过金星浓厚的大气层对其表面进行观测。

伊斯塔台地

伊斯塔台地是金星上隆起的高原之一。其大小与澳大利亚相近，位于金星的北极附近。这片高地上主要有 4 座岩石山脉，分别是麦克斯韦山脉、弗蕾亚山脉、阿克娜山脉和达努山脉。

阿佛洛狄忒台地

阿佛洛狄忒台地比伊斯塔台地大，与南美洲面积相当，位于金星赤道附近，主要由东西方向延伸的山地组成，山地间以低洼区域为界。

迷人的红色行星：火星

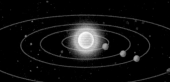

火星是距离太阳第四远的行星。在所有行星中，火星与地球最为相似。和地球一样，火星也有极地冰冠、倾斜的自转轴，其自转周期和内部结构也与地球相似。火星又被称作"红色行星"，主要因其表面覆盖了一层微红色的氧化铁而得名。火星拥有一层稀薄的大气层，其主要成分是二氧化碳。现在火星的表面没有流动的液态水，但之前曾有过。有证据表明，这颗星球的地下可能蕴藏有液态水。由于火星是除地球以外最有可能有生物存在的星球，人类已经发射了很多航天器探测火星，它甚至可能成为人类有望登陆的第一颗地外行星。

火星轨道

由于火星的椭圆轨道比地球的椭圆轨道更扁，火星与太阳之间的距离也就有很大不同。位于其近日点（轨道上离太阳最近的点）的火星接收到的太阳辐射比在远日点（轨道上离太阳最远的点）接收到的太阳辐射多 45%。火星上的温度范围在 -143~35℃。

冬天
-143℃

太阳 地球 火星

夏天
35℃

卫星

火星有两颗卫星：火卫一和火卫二。两颗卫星的密度都比火星小，其表面都分布有陨击坑。火卫一每 7.6 小时绕火星运行一周，与火星的距离约为 9 400 千米；火卫二每 30.3 小时绕火星运行一周，与火星的距离约为 23 500 千米。天文学家认为，火星的两颗卫星均为小行星，因受火星引力吸引而被捕获。

构成

火星是一颗岩质行星，有富含铁的内核。火星的半径大约是地球的一半，拥有与地球相似的自转周期和明显的风、云及其他天气现象。火星稀薄的大气层主要由二氧化碳构成，其红色外表主要缘于其表面覆盖着富含氧化铁的土壤。

壳

火星的壳很薄，主要由玄武岩构成，平均厚度约为 50 千米。

火卫二

与火星的距离 **23 500 千米**

火卫一
与火星的距离 **9 400 千米**

塞壬台地

火星探测任务

在太阳系的众多天体中，火星是除月球之外人类探索最多的地外天体。

1965 年 "水手 4 号"成为首个成功飞掠火星的航天器，但该探测器仅进行了一系列短暂的飞越式探索。

1969 年 "水手 6 号"和"水手 7 号"对火星的南半球和赤道进行了观测。

1971 年 "水手 9 号"第一次拍下了奥林波斯火山的图像。

1973 年 苏联接连发射了 4 个火星探测器，分别是"火星 4 号""火星 5 号""火星 6 号"和"火星 7 号"。

1976 年 "海盗 1 号"和"海盗 2 号"成为首批登陆火星的探测器，其目的是在火星表面寻找生命迹象。

表面

火星表面地形极富变化，有火山活动、陨石撞击、风暴及洪水塑造出来的各种地形。南半球遍布着高低起伏的山脉与峡谷，及大大小小的陨击坑；北半球则多以低洼平原为主。

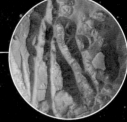

奥林波斯火山

这座巨型的休眠火山不仅是火星最大的火山，也是太阳系已知最大的火山。

珠穆朗玛峰
8 848.86 米

奥林波斯火山
22 000 米

幔

主要由硅酸盐岩石构成，密度大于地球地幔。

核

火星的核较小，似乎主要由铁镍金属构成。

大气层

火星的大气层非常稀薄，而且受太阳风影响，它正在变得愈加稀薄。

奥林波斯火山

塔尔西斯山脉

水手号峡谷群

太阳湖

南极

水手号峡谷群

水手号峡谷群可能是在过去由火星表面流动的液态水侵蚀形成的。

特征参数 ♂

天文符号	
基础数据	
与太阳的平均距离	227 900 000 千米
公转周期（火星年）	687 地球日
赤道直径	6 792 千米
平均轨道速度	24 千米 / 秒
质量 *	0.107
重力 *	0.38
密度	3.93 克 / 厘米³
平均温度	-63℃
大气	非常稀薄
卫星	2

* 地球 =1

自转轴倾角
25.2°
火星自转一周需要 24 小时 37 分钟。

1997 年 "火星探路者号" 成为第三个成功登陆火星的探测器。

1997 年 "火星环球勘测者" 进入火星轨道，它总共传回了超过 24 万幅火星图像。

2001 年 "火星奥德赛号" 进入火星轨道，它绘制了首张火星表面化学物质和矿物分布图。

2003 年 "火星快车" 进入火星轨道，它是欧洲空间局发射的第一个火星探测器。

2004 年 "勇气号" 和 "机遇号" 火星车着陆在火星表面，并对其进行了大范围考察。

2006 年 "火星勘测轨道飞行器" 进入火星轨道，它以极高的分辨率对火星进行了详细考察。

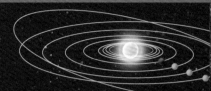

行星老大哥：木星

木星是太阳系中最大的行星，其直径是地球直径的 11 倍，质量相当于地球质量的 318 倍。受快速自转的影响，木星两极之间呈扁平状，致使其赤道直径要比两极直径大。木星的自转速度达 4.5 万千米 / 时。木星大气最显著的特征之一是被称为"大红斑"的巨型反气旋风暴，300 多年前人们就已经从地球上观测到了它。木星周围有许多卫星，还有一个宽大、昏暗的由尘埃粒子构成的光环。

构成

木星是一颗主要由氢和氦组成的气态巨行星，被压缩成液态的氢和氦已经深入到这颗星球内部。木星有一个由岩石、金属和氢化物构成的固态核心，但人类对它还知之甚少。

大气层

内幔

内幔包围着木星的核心。该区域的高温高压将电子从氢原子中挤出，使液态氢变成了可以导电的液态金属氢。

核
木星核心的质量大约是地球的 10~20 倍。

特征参数 ♃

天文符号	♃
基础数据	
与太阳的平均距离	778 000 000 千米
公转周期（木星年）	11.86 地球年
赤道直径	142 984 千米
平均轨道速度	13 千米 / 秒
质量 *	318
重力 *	2.53
密度	1.33 克 / 厘米³
平均温度	-108℃
大气	非常稠密
卫星	95

* 地球 =1

自转轴倾角
3.1°

木星自转一周只需要 9 小时 56 分钟。

外幔
外幔主要由液态的分子氢构成，与大气层相连。

木星的卫星

▶ 木星拥有 95 颗已知卫星，但其中只有半数卫星拥有正式的名字，因为按规定，直径小于 1.5 千米的卫星无法获得命名。

木卫五
木卫十五
木卫十六
木卫十四
木卫一
木卫二
木卫三

半径
71 492 千米

1   2   3   4   5   6   7   8   9   15

扩展区域

木卫四   木卫十三 木卫六 木卫十 木卫七   木卫十二 木卫十一 木卫八 木卫九

26.3   156.2/160.3/163.9/164.2   297.7 327.3/330.4/334.9

伽利略卫星

在木星的 95 颗卫星中，有 4 颗是伽利略用自制的望远镜从地球上观测到的。为了纪念他，人们把这 4 颗卫星命名为"伽利略卫星"。天文学家认为木卫一上有很多活火山，而木卫二的冰质外壳下有一个液态海洋。

木卫二
直径 3 122 千米

木卫三
直径 5 268 千米

木卫四
直径 4 821 千米

木卫一
直径 3 642 千米

风

▶ 木星表面的条纹实际上是沿着纬线方向横扫木星全球的环流风，风速高达 120 米 / 秒。在一定的温度和大气条件下，木星大气中氨、甲烷、水等分子成分显现出不同的颜色，从而呈现出明暗交替的条纹状结构。木星南半球的"大红斑"是一个沿逆时针方向旋转的反气旋风暴，长约 26 000 千米。

26 000 千米

大红斑

光环

木星的光环主要由来自其 4 颗内侧卫星上的尘埃组成。人类于 1979 年通过"旅行者 1 号"探测器第一次观测到这些光环，之后又通过"旅行者 2 号"探测器对其进行了观测。

外薄纱环
内薄纱环
主环
晕环

光环中的物质

木星的磁场

木星的磁场强度是地球的 10 倍以上。天文学家认为，这样的磁场主要是由液态金属氢快速旋转而产生的电流引起的。木星被一个巨大的磁层包围着。磁层的尾部延伸超过 6.5 亿千米——至少可以抵达土星轨道。

大气层

木星大气层缺乏一个很明显的低层界限，而是逐渐转变为行星内部的流体。

木星有着太阳系中体积最大、能量最强的行星磁层。受从太阳辐射出来的太阳风粒子的影响，磁层的形状和大小会发生一定的变化。

6.5 亿千米

光环之王：土星

土星是太阳系的第二大行星。和木星一样，它也是一颗主要由氢和氦构成的巨型球体，中心有一个很小的固态核心。在发明望远镜之前，土星是人类所能观测到的最远的行星。肉眼看去，土星就像一颗微微发黄的星星；但借助高质量的望远镜，它的每层光环都清晰可见。土星与太阳之间的距离是地球到太阳距离的近 10 倍。它是太阳系中唯一密度低于水的行星，如果将它放进一个足够大的海洋里，它一定能浮起来。

光环

土星的光环是太阳系中最亮的，主要由冰块、岩石颗粒和尘埃组成，围绕土星的赤道运行。这些光环可能是由一颗卫星的碎片组成的，这颗卫星因为过于靠近土星而被土星的潮汐力扯碎。

恩克环缝
将A环一分为二的一条细缝。

卡西尼环缝
宽 4 800 千米，位于 A 环和 B 环之间。

F 环
最狭窄的光环。

A 环
亮度仅次于 B 环的光环。

B 环
最大最亮的光环。

C 环
透明度最高的光环。

D 环
距离土星表面最近的光环——几乎要触及土星表面。

E 环和 G 环

厚度和宽度
虽然土星的光环非常宽，但它们的厚度有些甚至不到 10 米。

土星的卫星

土星的已知卫星多达 83 颗，土星也因此成为太阳系中拥有最庞大卫星家族的星球之一。这些卫星的直径大小不一，大至 5 150 千米，如土卫六；小至 0.6 千米，如土卫五十三。

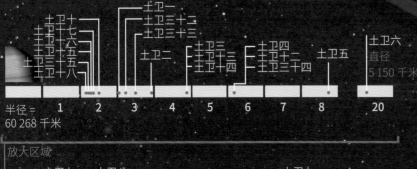

土卫六的直径比水星的直径还要大，其大气层主要由氮气组成。

表面

和木星一样，土星的表面也有云，它们被土星上强烈的东风吹成了带状。土星上的云不如木星云带那么鲜艳，但分布比木星云带规则。较上层云的温度为 -140℃，在它上面有一层薄雾。

薄雾
氨冰云
氢硫化铵云
水冰云

风

土星的大气层中存在着长期而剧烈的风暴，风速最高可达 1 800 千米 / 时。

气态行星

土星和木星的构成非常相似，二者都是主要由氢和氦构成并且中心有一个固态核心的巨型球体。但它们的光环则有着显著的差异，木星环主要由细小的尘埃颗粒组成；而土星环颗粒的主要成分是水冰，还伴有一些岩石碎块和尘埃。土星环粒子的大小从微米到米不等。虽然从地球上看，集聚的粒子看起来就像一个庞大的整体，但实际上每个粒子都有自己的运行轨道。

大气层构成

土星大气层的主要成分是氢（96.3%）和氦（3.3%），其余成分是硫化物、甲烷和其他气体。硫化物让土星看起来略显黄色。

外幔
主要由液态的分子氢构成。

大气层
主要成分是氢和氦。

内幔
主要由液态的金属氢构成。

核
主要由铁和镍等金属组成，周围包围着岩石物质和其他固化的化合物。

特征参数

天文符号	♄
基础数据 与太阳的平均距离	1 433 000 000 千米
公转周期（土星年）	29.46 地球年
赤道直径	120 536 千米
平均轨道速度	9.69 千米 / 秒
质量 *	95
重力 *	1.07
密度	0.7 克 / 厘米³
平均温度	-139℃
大气	非常稠密
卫星	83 颗

* 地球 =1

自转轴倾角 **26.7°**
土星自转一周需要 10 小时 39 分钟。

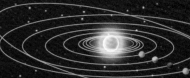

躺着转的行星：天王星

用肉眼很难看到天王星。它是太阳系中距离太阳第七远的行星，但却是太阳系中的第三大行星。与其他行星相比，天王星有一个独一无二的特征，即它有一根特殊的自转轴，该轴几乎与天王星的公转轨道面平行，倾斜角度接近 98°。由此当天王星在夏至或冬至前后时，一个极点会持续指向太阳。天文学家推测，在形成的过程中，天王星可能与某个原行星发生过碰撞，从而改变了天王星的自转轴倾角。天王星需要 84 个地球年才能绕太阳运行一圈，而其自转周期为 17 小时 14 分钟。

磁场

天王星的磁场非常奇特，它不起源于天王星的几何中心，磁场中心位于天王星的几何中心往南极偏离约 1/3 天王星半径处，且磁轴相对于自转轴倾斜了 59°。这种异常的几何关系使得磁场非常不对称，在南半球的表面，磁场强度低于 0.1 高斯，而在北半球的强度高达 1.1 高斯。

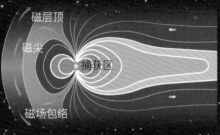

磁层顶
磁尖
捕获区
磁场包络

有科学家认为，天王星怪异的磁场可能是由行星中导电体的复杂流动运动产生的，这个过程被称为"发电机效应"，导电体应该就是天王星内由水、氨和甲烷组成的一种高度压缩的、具有高导电性的过热液体。

构成

 天王星的核心主要由铁、镍和硅的化合物组成。这颗行星的体积约是地球的 63 倍，其大气层主要由氢、氦和甲烷构成。天王星上的 1 年相当于 84 个地球年，致使每一季有 21 个地球年那么长。

特征参数

天文符号 ♅

基础数据	
与太阳的平均距离	2 870 000 000 千米
公转周期（天王星年）	84.07 地球年
赤道直径	51 118 千米
平均轨道速度	6.8 千米/秒
质量*	14.5
密度	1.3 克/厘米³
最低温度	-224℃
大气	稠密
卫星	27 颗

* 地球 =1

自转轴倾角
97.8°
天王星自转一周需要 17 小时 14 分钟。

核
主要由硅酸盐和铁镍金属组成。

幔
幔由水、氨和甲烷组成的热且稠密的流体构成。这种流体有高导电性，它们的流动很可能生成了天王星的磁场。

下层大气
主要成分是氢和氦，另外还含有少量的甲烷。

上层大气
天王星的上层大气主要由氢、氦、甲烷和微量的碳氢化合物及其他气体组成，其中还具有复杂的云层结构。

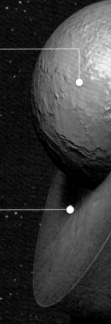
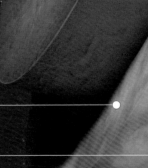
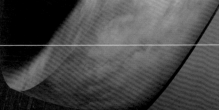

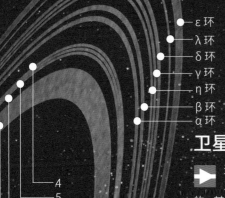

- ε 环
- λ 环
- δ 环
- γ 环
- η 环
- β 环
- α 环

- 4
- 5
- 6

1986U2R

光环

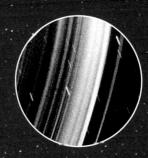

与太阳系的所有巨行星一样，天王星也有一组光环。但是，它的光环比土星的光环要暗得多，所以很难看到。这些光环都围绕该行星的赤道运行。人类于 1977 年发现了这些光环，"旅行者 2 号"曾于 1986 年对其进行了探测。

卫星

天王星有 27 颗已知卫星，天卫一到天卫五这 5 颗卫星是在 1787—1940 年间发现的；其他 22 颗卫星都是在 1985 年以后发现的，其中有 10 颗是"旅行者 2 号"的功劳。天王星的卫星均以莎士比亚和亚历山大·蒲柏的作品中的人物名字命名，这样的命名方式将它们与太阳系中的其他卫星区分开来。虽然也有几颗较大的卫星，但大多数卫星的直径仅有几十千米。

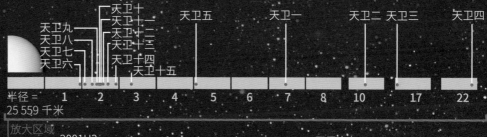

天卫九
天卫八
天卫七
天卫六

天卫十
天卫十一
天卫十三
天卫十二
天卫十四
天卫十五

天卫五

天卫一

天卫二　天卫三

天卫四

半径 =
25 559 千米

| 1 | 2 | 3 | 4 | 5 | 6 | 7 | 8 | 10 | 17 | 22 |

放大区域

2001U3
（天卫二十二）

天卫十六　天卫二十　天卫二十一　天卫十七　天卫二十三　天卫十八　天卫十九

167.3　283 313 335.3　476.5　561.3　642.4 683

主要卫星

天王星有很多暗黑色的小卫星，还有一些稍大的卫星，如天卫五、天卫一、天卫二、天卫四和天卫三。后面两颗卫星的直径可达 1 500 千米左右。

直径只有 472 千米的天卫五是天王星五大卫星中最小的一颗。其表面地质特征非常复杂，有撞击坑、断崖、沟槽等。

天卫三
1 578 千米

天卫二
1 170 千米

天卫五
472 千米

天卫一
1 158 千米

天卫四
1 522 千米

表面

在很长一段时间里，天王星都被认为是一颗表面光滑、泛着蓝绿色光芒，除此之外毫无特色的行星。但后来，人类用凯克望远镜和哈勃空间望远镜观测到看似很平静的天王星存在着极为活跃的大气模式。

蓝绿色星球

1. 到达天王星的太阳光线受到位于甲烷层下面的云层的反射。

大气　　　　　　　太阳光
天王星

2. 甲烷层吸收了被反射太阳光中的红橙光，而让蓝绿光通过，形成了该星球的色调。

大气　　　　　　　太阳光
天王星

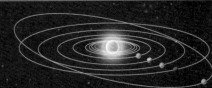

深蓝色星球：海王星

从地球上用肉眼是看不到海王星的。"旅行者 2 号"探测器发回的图像显示，这颗星球是一个深蓝色的球体，这主要是海王星的大气层中含有甲烷的缘故。作为最远的气态行星，海王星与太阳之间的距离大约是地球与太阳之间距离的 30 倍。海王星的光环及其异常活跃的大气都很值得关注，同样引人注意的还有它与天王星的相似之处。对天文学家来说，海王星有着特殊的意义，因为在发现它之前，对它的存在和位置的预测都是通过数学计算实现的。

卫星

▶ 海王星有 14 颗已知的天然卫星。海卫一和海卫二是第一批从地球上用望远镜观测到的海王星卫星。所有海王星的卫星都用古希腊神话中各海神和海仙女的名字命名。

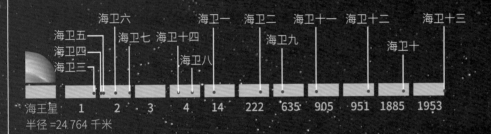

海卫五 海卫六 海卫七 海卫十四 海卫一 海卫二 海卫十一 海卫十二 海卫十三
海卫四 海卫八 海卫九 海卫十
海卫三

海王星 1 2 3 4 14 222 635 905 951 1885 1953
半径 =24 764 千米

海卫一

该卫星直径为 2 706 千米。海卫一沿着逆行（卫星的公转方向与行星的自转方向相反）轨道绕海王星运行。其表面有由冰火山喷出的物质堆积形成的深色条纹。

-235℃

这是海卫一的表面温度，使海卫一成为太阳系中温度最低的天体之一。

2 100 千米 / 时

光环

▶ 海王星有暗淡的光环，主要由尘埃构成。天文学家最早从地球上观测到这些光环时，曾认为这些光环是不完整的。这些光环都以对海王星做出重要发现的天文学家的名字命名。

伽勒环

勒威耶环

拉塞尔环

阿拉戈环

亚当斯环

构成

与天王星和木星的光环一样，海王星的光环十分暗淡。环的组成物质非常黑暗，其中的粒子可能是冰与有机物的混合物，包含了大量细小的灰尘。据观测，海王星环正在发生显著的退化，特别是亚当斯环上的"自由弧"，也许在 22 世纪前就会消失。

亚当斯环

这个环距离海王星中心 63 000 千米，包含 5 个弧段，分别被命名为"博爱""平等 1""平等 2""自由"和"勇气"。

表面

▶ 海王星的大气层动荡不定，大气中含有由冰冻甲烷构成的白云和大面积气旋。海王星的表面有着太阳系中最强的风暴，测量到的风速高达 2 100 千米 / 时。

风的路径

大暗斑

海王星表面这个巨大的风暴被称作大暗斑，最早发现于 1989 年，其大小与地球相似。然而在 1994 年，当科学家用哈勃空间望远镜观察海王星时，发现它已经消失了。

坚硬的心

▶ 有些模型理论认为，海王星拥有一个由铁、镍和硅酸盐物质组成的硬质核心，核外面覆盖着由水、氨和甲烷组成的幔。另外一些模型理论则认为，这颗星球的幔和核心物质并没有分层。

核
由硅酸盐和铁镍金属构成。

幔
幔由水、氨和甲烷组成的热且稠密的流体构成。

下层大气
主要由氢和氦构成，此外还有少量的甲烷。

上层大气
和天王星类似，海王星的上层大气主要由氢、氦、甲烷和微量的碳氢化合物及其他气体组成，包括复杂的云层结构。但它具有由云层造成的条带和白色条纹。

特征参数　♆

天文符号	♆
基础数据	
与太阳的平均距离	4 500 000 000 千米
公转周期（海王星年）	164.79 地球年
赤道直径	49 500 千米
平均轨道速度	5.4 千米 / 秒
质量 *	17.2
重力 *	1.14
密度	1.6 克 / 厘米³
平均温度	-218℃
大气	稠密
卫星	14

* 地球 =1

自转轴倾角
28.3°
海王星自转一周需要 16 小时 7 分钟。

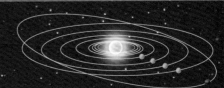

被降级的行星：冥王星

2006 年，国际天文学联合会决定将寒冷而遥远的冥王星归于矮行星一类，自此，冥王星已不再是太阳系的第九大行星。自 1930 年发现冥王星之后的 85 年间，由于从未对其进行过近距离的研究，使得人类对冥王星的认知非常有限。即使在哈勃空间望远镜的镜头中，它也只是一个模糊的斑点。为了深入了解这颗星球，美国航天局于 2006 年 1 月发射了新视野号探测器。在历经了 9.5 年达 50 亿千米的征程之后，新视野号于 2015 年 7 月成功完成了对冥王星的首次近距离飞掠探测任务。

双矮行星系统

冥王星与其最大的卫星卡戎（冥卫一）有着非常特殊的关系。它们一起被称作"双矮行星系统"。卡戎的直径差不多相当于冥王星直径的一半。有一种理论认为，卡戎是由冥王星与其他星体相撞时剥落的物质形成的。

同步轨道

冥王星与卡戎的运行轨道十分独特。它们永远面对着彼此，好似被一根看不见的长杆连在一起。两颗星体在潮汐锁定的状态下以相同的周

冥王星

共同质心

卡戎

期互绕，这意味着如果一名观测者站在冥王星上能够看到卡戎的一面，那么受星球曲率的影响，站在这颗星球另一面的人则看不到卡戎。

表面

冥王星的大部分表面都覆盖着氮冰和甲烷冰，平均温度低至 -232℃。冥王星的地貌复杂而多样，有峡谷、冰山、冰原、陨击坑等，其中最引人注目的是一个由广袤的冰原组成的心形区域。新视野号任务团队非正式地将这一区域命名为"汤博区"，以纪念冥王星的发现者、美国天文学家克莱德·汤博。

**新视野号拍摄
的冥王星图像**

冥王星的卫星

除了 1978 年发现的卡戎，冥王星还有 4 颗卫星，按照距离冥王星由近及远的顺序，它们是冥卫五（斯提克斯）、冥卫二（尼克斯）、冥卫四（科波若斯）和冥卫三（许德拉）。冥王星的表面由冰冻的氮、甲烷和一氧化碳组成，但卡戎与之不同，其表面似乎布满了冰冻的水冰和氨。有一种推测说，这颗卫星可能是由冥王星与其他星体碰撞过程中迸射出的物质构成的，这与人类对地球的卫星——月球起源的猜测类似。

密度
卡戎的平均密度为 1.7 克/厘米³，这表明它的构成成分中岩石的含量并不高。

1 212 千米

卡戎的直径大约是冥王星直径的一半。

组成

▶ 经由科学计算推断，冥王星的 75% 是岩石和冰的混合物。冰封的表面 98% 以上由氮冰组成，还有微量的甲烷冰和一氧化碳冰。实际上，冥王星是一个柯伊伯带天体。

柯伊伯带是位于海王星轨道外侧，距离太阳 30~55 个天文单位的天体密集的中空圆盘状区域。科学家还推测，冥王星很可能有一个适宜有机生物生存的地下液态海洋。

幔
冥王星的幔由水冰构成。

壳
冥王星壳的基岩层由水冰组成，表面覆盖着其他易挥发性冰（如氮冰、甲烷冰等）。

核
冥王星有一个由岩石构成的核心。

大气层
冥王星的大气层非常稀薄，大气中含有氮气、甲烷、一氧化碳。在冥王星向远日点移动的过程中，冥王星的大气会冻结并回落到其表面。

特征参数

天文符号	**P**
基础数据	
与太阳的平均距离	5 900 000 000 千米
公转周期（冥王星年）	248 地球年
赤道直径	2 376 千米
平均轨道速度	4.7 千米 / 秒
质量 *	0.002
重力 *	0.063
密度	1.85 克 / 厘米³
平均温度	-232℃
大气	非常稀薄
卫星	5

* 地球 =1

自转轴倾角
122.5°
自转一周需要
6.387 个地球日

"新视野号"探测器

2006 年 1 月 19 日，人类首次向冥王星发射了一个探测器——"新视野号"。该探测器于 2015 年 7 月 14 日抵达最接近冥王星的位置，对冥王星系统进行了飞掠探测。

独特的轨道

冥王星的轨道为明显的椭圆形，与黄道面的夹角达到了 17°。冥王星与太阳之间的距离范围为 44 亿 ~73 亿千米。在 248 个地球年的公转周期中，冥王星有约 20 个地球年的时间比海王星更靠近太阳。从正上方看，冥王星的轨道似乎与海王星的轨道有交叉，但实际上两个轨道并没有交点，因此这两颗星球不会发生碰撞。

遥远的世界

在太阳系的第八颗行星——海王星以外的地方，我们发现了许多冰冻天体，它们的体积比地球的卫星月球还小。数以百万计这样的天体共同组成了柯伊伯带。2006 年，鉴于冥王星的体积、质量和偏心轨道，国际天文学联合会的天文学家重新将其归类于矮行星。短周期彗星（绕太阳公转周期小于 200 年的彗星）主要源自柯伊伯带，而长周期彗星（绕太阳公转周期超过 200 年的彗星）主要来自奥尔特云，即一个巨大的包围着整个太阳系的球形云团。●

土星轨道　天王星轨道　海王星轨道

冥王星轨道

柯伊伯带

▶ 海王星轨道向外延伸的区域内存在着很多冰冻天体，它们在某种程度上与行星相似，但比行星小得多。这些天体位于柯伊伯带，即一个位于海王星外的甜甜圈形状区域。目前，已有上千颗天体被编入名录，其中包括直径达 1 110 千米的创神星（夸奥尔）。据估算，整个柯伊伯带包含 10 万颗以上直径大于 100 千米的由冰和岩石组成的天体（包括冥王星），它们延展为一个巨大的圆环。大部分短周期彗星均来自柯伊伯带。

2 376 千米

冥王星的直径比月球的直径小约 1 100 千米。鉴于冥王星的体积、质量和运行轨道，天文学家决定将其划分为矮行星，而不再是行星。

大小对比

▶ 2002 年创神星的发现，让科学家找到了他们一直在寻找的柯伊伯带与太阳系起源之间的联系。创神星的轨道接近圆形，轨道倾角约为 8°，直径约是冥王星的一半。如果不重新分类冥王星，它也将被归类为行星。2006 年 8 月 24 日，国际天文学联合会举行了正式会议，会议决定将冥王星重新划分为矮行星。至此，冥王星不再是一颗行星。柯伊伯带内的天体，连同任何潜在的奥尔特云天体被统称为海王星外大体。

创神星（夸奥尔）
直径约为 1 110 千米。

赛德娜
直径约为 995 千米。

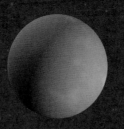

冥王星
直径约为 2 376 千米。

阋神星
略小于冥王星，直径约为 2 326 千米。

遥远的太阳系天体

阋神星距离太阳最远约 97 个天文单位（145 亿千米），曾经是太阳系可观测到的最远的天体。这颗矮行星沿一条高偏心率的椭圆形轨道运行，运行一周的时间为 557 年。阋神星的直径约为 2 326 千米，表面覆盖着甲烷冰。

阋神星

不速之客：小行星和陨石

太阳系形成之初，各种物质的碰撞、吸积及分裂在各行星的形成过程中起到了重要的作用。这一过程的残留物现在仍以岩质天体或碎片的形式存在于太空之中。它们不仅见证了太阳系的形成过程，也与影响地球后续演化过程的事件有关。它们很有可能就是导致 6 500 万年前恐龙灭绝的原因。

天外来客

科学家对陨石进行研究的主要目的之一就是想弄清楚这些陨石的性质。陨石中含有地球以外的固体和气体物质。科学研究证明，有些陨石来自月球或火星，但大多数陨石都与小行星有关。科学家对各类陨石进行了分析，并按照其组成成分对其进行了分类。

巨大的陨石撞击

陨石是指那些来自太空的、在穿过地球大气层时未能燃尽并落到地面的流星体。当较大的流星体撞击地球时会留下一个撞击坑。下图所示就是超大型流星体（即小行星）撞击地球时的情形。很多科学家相信，大约 6 500 万年前恐龙及许多其他物种的大灭绝就是由小行星撞击地球造成的。

1. 发光
流星体高速闯入地球大气层，其表面与空气摩擦产生高温而汽化，并发出强光，成为流星。

流星体进入地球大气层的速度为
11~72 千米 / 秒。

2. 空爆
流星体在降落的过程中会发生空爆现象，导致流星体爆裂成很多碎片形成陨石雨。

3. 坠地
较大的流星体在大气层中燃烧未尽，残余部分坠落到地面，就是陨石。

陨石的类型

石陨石
这类陨石主要由硅酸盐矿物组成。它们可进一步细分为球粒陨石和无球粒陨石。

铁陨石

这类陨石的主要成分是铁和镍。它们通常来自小行星的核心。

石铁陨石

这类陨石中包含几乎等量的铁、镍和硅酸盐矿物。

小行星

▶ 小行星是指太阳系内和行星一样环绕太阳运动，但体积和质量比行星小得多的天体。大多数的小行星位于火星和木星运行轨道之间的地带上；也有一些轨道接近地球的小行星（如阿莫尔型、阿波罗型和阿登型小行星），它们被统称为近地小行星。

希达尔戈星
大约每 14 个地球年围绕太阳运行一周。

主小行星带中所有小行星质量的总和占月球质量的百分比

约为 4%。

首开记录

▶ 在主小行星带中分布着超过 100 万颗直径大于 1 千米的小行星。谷神星是被人类发现的第一颗小行星（发现于 1801 年），也是小行星带中已知最大的一颗，直径约为 950 千米。

阿登型
阿波罗型
阿莫尔型
主小行星带
火星轨道
木星轨道

特洛伊群小行星是与木星共用轨道的一大群小行星。其中一组小行星位于木星前方，另一组位于木星后方。

柯克伍德空隙
柯克伍德空隙是主小行星带上的空旷区域，该区域内几乎无小行星分布。

小行星种类
小行星的大小和形状各不相同，但按其成分主要可分为 3 类：硅质小行星、碳质小行星和金属小行星。

艾达小行星
这颗小行星长达 56 千米，表面上有与其他天体碰撞的痕迹。

小行星主要由岩石和金属构成。

带尾巴的星星

彗星是一种小型的冰质天体，其彗核直径一般为数百米至数十千米，主要由水冰、尘埃、岩石和冰冻的气体（如二氧化碳、甲烷等）组成。它们多出现在海王星轨道之外的柯伊伯带上或奥尔特云中。偶尔，一些彗星（如哈雷彗星）会飞向太阳系内部，当彗星接近太阳时，彗星上的冰就会受热融化或升华，形成彗头和长长的彗尾。彗尾主要由气体和尘埃组成，相当壮观。

彗星类型

短周期彗星绕太阳运动的公转周期小于 200 年。公转周期超过 200 年的长周期彗星与太阳的距离是冥王星到太阳距离的几十倍甚至几百倍。

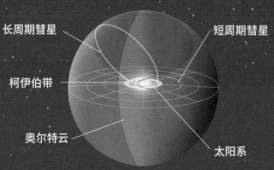

长周期彗星　短周期彗星
柯伊伯带
奥尔特云
太阳系

周期彗星

在地球上能够看到的大部分彗星，都沿着一个长长的椭圆形轨道围绕着太阳运行。例如，哈雷彗星每 76 年沿其细长轨道绕太阳运行一周。

彗头
由中央明亮的彗核和外围云雾状的彗发组成。

彗发
环绕在彗核周围的云状物，主要由彗核释放的气体和尘埃组成。

彗核
彗星中心的固体部分，由水冰、尘埃、岩石和冰冻的气体组成。

"深度撞击"任务

2005 年 1 月 12 日，作为"发现"项目的一部分，美国航天局发射了"深度撞击"空间探测器。该探测器向坦普尔 1 号彗星释放出一个撞击器，并成功撞击了该彗星的彗核。

1. 探测器发射撞击器
"深度撞击"探测器抵达彗星附近时，向彗星释放出重达 370 千克的铜质撞击器。

撞击器利用推进装置向彗星靠近

太阳风

3. 飞掠探测
撞击发生几分钟后，探测器在距离彗核 500 千米的范围内飞掠而过，并拍摄了撞击坑、喷出物和彗核的图像。

与彗星碰撞的速度为
37 000
千米 / 时。

2. 与彗星的碰撞
发生于 2005 年 7 月 4 日。撞击器撞击出一个足球场大小、几层楼深的坑。

前期任务
美国航天局之前已经向彗星发射过一些无人探测器。第一个执行彗星探测任务的是 1978 年发射的国际彗星探测器。该探测器于 1985 年 9 月横穿贾科比尼 - 津纳彗星尾部，并最终完成了任务。

"乔托号"探测器
发射于 1985 年，在距哈雷彗星彗核 500 千米处进行了飞掠探测。

"深空 1 号"探测器
美国航天局的这个航天器于 2001 年接近了包瑞利彗星。

"星尘号"探测器
该探测器于 2004 年成功取得怀尔德 2 号彗星的样本，并将之送回地球。

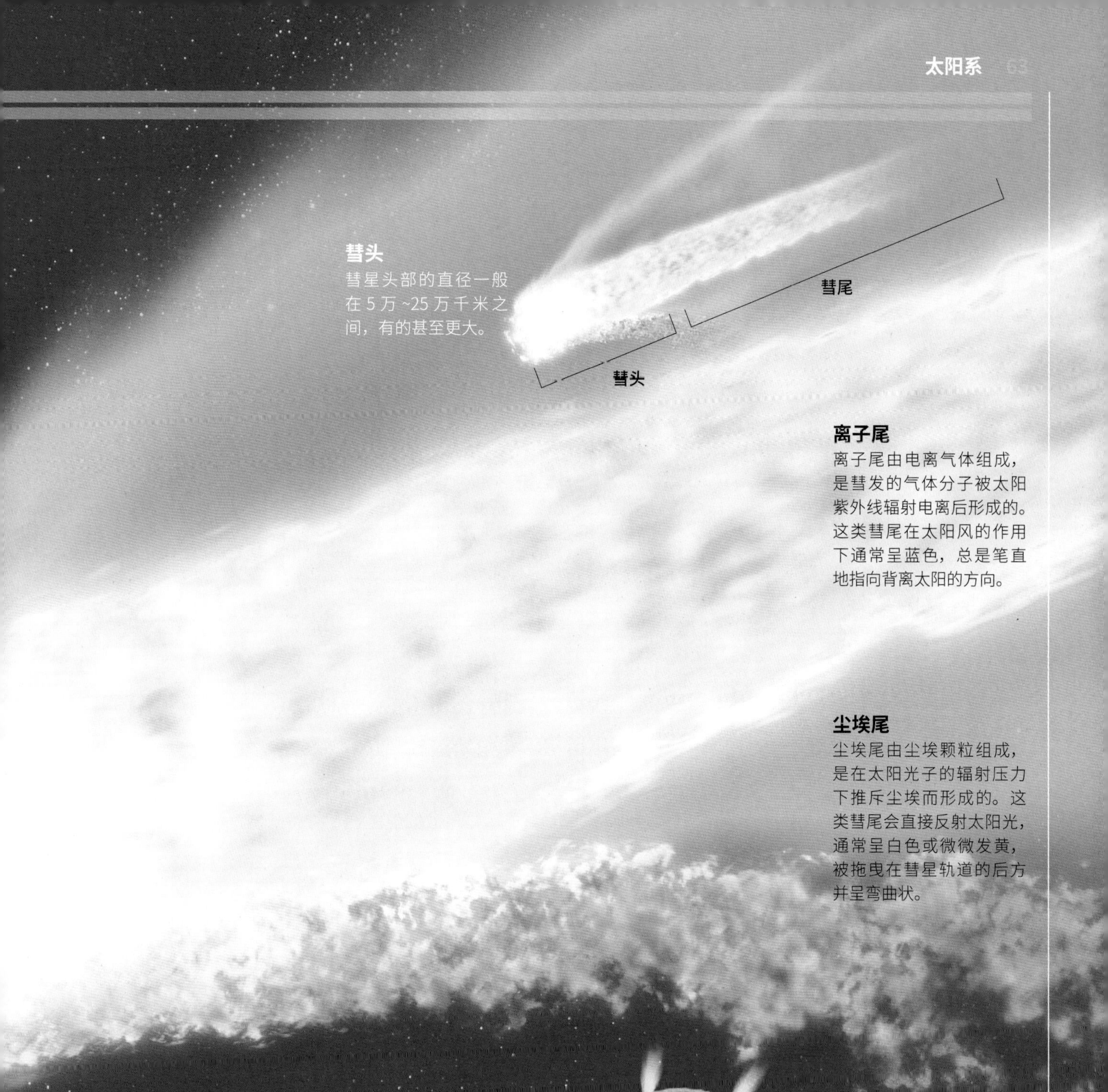

彗头
彗星头部的直径一般
在 5 万 ~25 万千米之
间，有的甚至更大。

彗尾

离子尾
离子尾由电离气体组成，
是彗发的气体分子被太阳
紫外线辐射电离后形成的。
这类彗尾在太阳风的作用
下通常呈蓝色，总是笔直
地指向背离太阳的方向。

彗头

尘埃尾
尘埃尾由尘埃颗粒组成，
是在太阳光子的辐射压力
下推斥尘埃而形成的。这
类彗尾会直接反射太阳光，
通常呈白色或微微发黄，
被拖曳在彗星轨道的后方
并呈弯曲状。

彗头与彗尾的形成
当彗星越来越接近太阳时，受太
阳热辐射的作用，其暗黑的表
面会吸收阳光，开始不断挥发物
质。这些挥发出来的气体和尘埃
物质，形成了彗头和彗尾两部分。
但是当彗星环绕着太阳经过近日
点逐渐远离而去时，彗尾随之渐
渐缩短，亮度也慢慢降低，最终
变得不能再被肉眼看见。

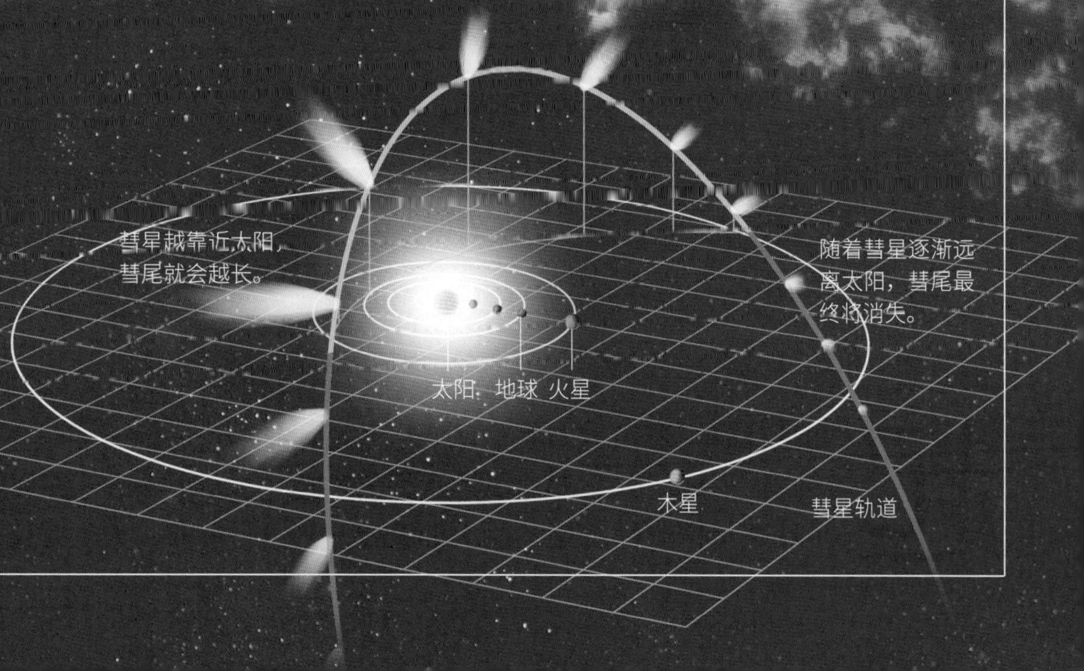

彗星越靠近太阳，
彗尾就会越长。

随着彗星逐渐远
离太阳，彗尾最
终将消失。

太阳 地球 火星

木星　　彗星轨道

地球和月球

起初地球是一颗炽热的岩浆球，后来慢慢冷却，形成了各大洲。虽然我们的蓝色星球在早期已经发生了巨大的变化，但是这种改变依然没有停止。无可否认，如果没有大气的存在，地球上就不会有生命。大气是围绕着地球的一层无色、

地球鸟瞰图
在这张地球局部照片中，我们可以
看到波拉波拉岛——位于法属波利
尼西亚，为背风群岛中的一个岛。

无嗅、不可见的气体层，它为我们提供呼吸的空气，保护我们免受太阳的辐射危害。虽然大气层的厚度大约在 1 000 千米以上，但是它没有清晰的界限，只是慢慢地变得稀薄直到彻底消失在太空中。●

蓝色星球

地球之所以被称为蓝色星球，是因为它约有 71% 的表面都被蓝色的海洋所覆盖。在太阳系的八大行星中，按距离太阳由近及远的顺序排列，地球位列第三。它是太阳系唯一适合生命生存的星球，这也是它的特殊之处。地球上有充足的水源、适宜的温度和能够保护自身免受外来天体直接撞击的大气。不仅如此，大气中的臭氧层还有过滤太阳紫外线辐射的功能。地球两极稍扁而赤道略鼓，绕地轴自转一周约需要 24 小时。

生命现象

液态的水使地球上生命的存在成为可能。地球是太阳系中唯一一颗温度变化范围处在 -89~57℃的星球，这使得水能够以液态形式存在。此外，地球与太阳之间的平均距离及其他一些因素，也是地球 38 亿年前就有生命出现的原因所在。

地球表面约有

71%

被水覆盖。从太空中看，这颗行星就像是一颗蓝色的宝石。

-63℃

水以冰的形式存在
由于火星离太阳较远，火星上的水基本以冰的形式存在。

-89~57℃

三种状态
地球上的水能以固、液、气三种状态存在。

100℃以上

水通常以水蒸气的形式存在
金星表面的平均温度达 460℃，即使这颗星球上有水，也会被蒸发殆尽。

地球的运转

地球在自转的同时，也围绕太阳公转。

太阳

150 000 000 千米

1. 蒸发
太阳的能量可以导致水的蒸发，这样一来，部分海洋中的水便会转移至大气中。此外，江河湖泊中的水及陆地上其他来源的水也存在着蒸发现象。

自转： 地球围绕地轴自转，自转一周需要 23 小时 56 分钟。

公转： 地球围绕太阳公转一周的时间是 365 天 6 小时 9 分钟。

月球是地球唯一的天然卫星，其直径约是地球直径的 1/4，月球围绕地球运行一周需要 27.32 天。

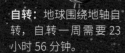

南极

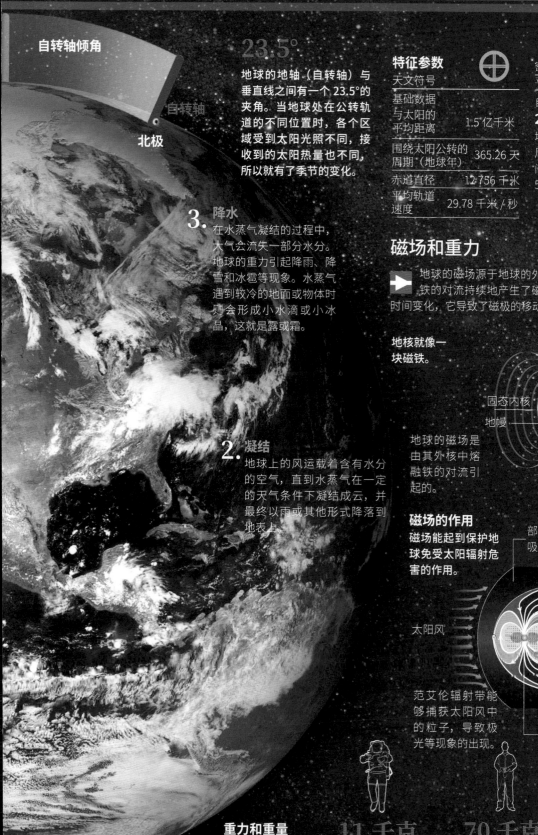

自转轴倾角

自转轴

北极

23.5°

地球的地轴（自转轴）与垂直线之间有一个23.5°的夹角。当地球处在公转轨道的不同位置时，各个区域受到太阳光照不同，接收到的太阳热量也不同，所以就有了季节的变化。

3. 降水

在水蒸气凝结的过程中，大气会流失一部分水分。地球的重力引起降雨、降雪和冰雹等现象。水蒸气遇到较冷的地面或物体时则会形成小水滴或小冰晶，这就是露或霜。

2. 凝结

地球上的风运载着含有水分的空气，直到水蒸气在一定的天气条件下凝结成云，并最终以雨或其他形式降落到地表上。

特征参数

基础数据	
天文符号	
与太阳的平均距离	1.5亿千米
围绕太阳公转的周期（地球年）	365.26天
赤道直径	12 756千米
平均轨道速度	29.78千米/秒

密度	5.52克/厘米³
平均温度	15℃

自转轴倾角

23.5°
地球自转一周需要的时间为23小时56分钟。

磁场和重力

 地球的磁场源于地球的外核，那里处于熔融状态的金属铁的对流持续地产生了磁场。地球磁场的方向一直在随时间变化，它导致了磁极的移动。

地核就像一块磁铁。

磁力线

固态内核

地幔

地球的磁场是由其外核中熔融铁的对流引起的。

液态的外核一直处于持续不断地运动之中。

磁场的作用
磁场能起到保护地球免受太阳辐射危害的作用。

部分粒子被吸引到两极

范艾伦辐射带

太阳风

磁力线

地球

磁尾区域

磁层

范艾伦辐射带能够捕获太阳风中的粒子，导致极光等现象的出现。

重力和重量
重量是作用于人体或者物体的重力的大小。

11千克
在月球上
月球质量比地球小，相应地，重力也小。

70千克
在地球上
物体会受到指向地心的引力。

177千克
在木星上
木星的质量是地球的318倍，因此其重力也更大。

地心之旅

我们生活的地球由内而外分为很多复杂的结构，我们生活在地球的岩石表层，它是一个包裹着地球的薄层，叫作岩石圈。岩石圈的最外层是地壳，地壳下面是由固态和液态岩石组成的地幔。地球中心是地核，主要由铁镍金属构成。整个地球被一层名为大气层的气体包裹着。

内部结构

我们居住在地球的岩石表层上，这个表层就仿佛地球的外壳。地表的岩石多由硅的氧化物及硅酸盐组成。地幔是地球各结构层中体积和质量都最大的一层，占地球总体积的 82.3%，总质量的67.8%，由比地壳密度更大的富含镁铁的硅酸盐岩石构成，可分为上地幔和下地幔。地核占地球总体积的 16.2%，总质量的 31.5%，可分为熔融状态的外核和固态的内核。

人类目前能够抵达的范围

珠穆朗玛峰 穿透陆地 穿透海洋底部
8 848.86 米

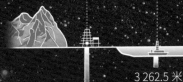

3 262.5 米

12 262 米

地球内核

和地球外核一样，地球内核也由铁镍金属组成。虽然内核温度很高，但其仍为固态，这主要是因为承受了巨大的压力所致。

外核

地核外层为液态层，主要由熔融的铁和镍组成。外核的温度比内核稍低，压力也相对较小。熔融物的流动产生了地球磁场。

下地幔

下地幔由富含铁镁的硅酸盐矿物组成。

上地幔

上地幔主要由橄榄岩类组成。上地幔上部有一个软流层，是岩浆的重要发源地，其中的物质呈高温熔融状态，具有流动性。

6 378 千米

1 000 千米

地球表面至地球中心的距离约为

6 378 千米。

外逸层

热层

中间层

平流层

对流层

水圈和岩石圈
岩石圈包括地壳及上地幔的顶部。水圈是位于地壳表层、地球表面和围绕地球的大气层中存在着的各种形态水的总称。

如果没有大气，热力环流消失，赤道和两极的温差将更加明显。

有大气的情况下，热力环流和风可以带动高低纬度之间的水分和热量交换，从而降低热带地区气温，提升两极的气温。

地表之上

 大气为地球上的生命提供了呼吸的空气和饮用的水，没有了大气，地球上就不会有生命存在。大气层不仅能够保护我们免受太阳辐射伤害，还能通过保存太阳的热量使地表维持在适中的温度。大气层的厚度约在 1 000 千米以上，但无明显的界限。

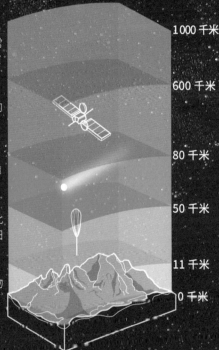

大气分子经常散逸至外太空

低轨道卫星的运行轨道

空气非常稀薄

臭氧层位于此处，吸收太阳紫外线

大多数动植物生活的范围

1000 千米

600 千米

80 千米

50 千米

11 千米

0 千米

岩石圈和水圈

水圈包括海洋、湖泊、河流、沼泽、冰川以及大气水、地下水、生物圈中存在的水等。水圈是地球表层的生命摇篮。岩石圈是软流层以上至地表的部分，其厚度因地而异。海洋岩石圈一般厚约 50~140 千米，而大陆岩石圈的厚度范围为 40~280 千米。

水和陆地

29% 陆地　　71% 水

总水量

97.5% 咸水　　2.5% 淡水

淡水

68.8% 冰

1.2% 地表水和大气水

30% 地下水

很久以前

地球是由太阳星云（导致太阳系形成的气尘云）中的物质组成的。这种物质逐渐越聚越大，最终形成一个由熔融的岩石和金属构成的炽热球体。后来，球体外面又形成了一层岩质的壳体，随着其表面的逐渐冷却，大陆开始出现。又过了一段时间，海洋出现了，很多微小的有机生命体也出现了，它们还将氧气释放到大气中，逐渐形成了地球的有氧环境。随着时间的推移，这种环境最终开创了生物界演化的崭新局面，多细胞生物开始发展起来了。到了 5.42 亿年前的古生代，地球终于迎来了一个生命激增的时代。●

大陆漂移

人类生活在不同的大陆上，各大陆是地球板块的一部分。这些板块在地球表面以相当于指甲生长的速度移动着。2.5 亿年前，印度大陆、非洲、大洋洲、南极等几个大陆都属于同一块大陆。当板块相互碰撞、挤压和摩擦时，就会导致地震的发生。在板块张裂的地区，常形成裂谷和海洋。分布在海洋下方的大洋中脊，就是由从各构造板块间的裂谷中流出的熔岩形成的。当大洋板块和大陆板块相撞时，大洋板块因密度大、位置较低，便俯冲到大陆板块之下，这里往往会形成海沟，成为海洋最深的地方。

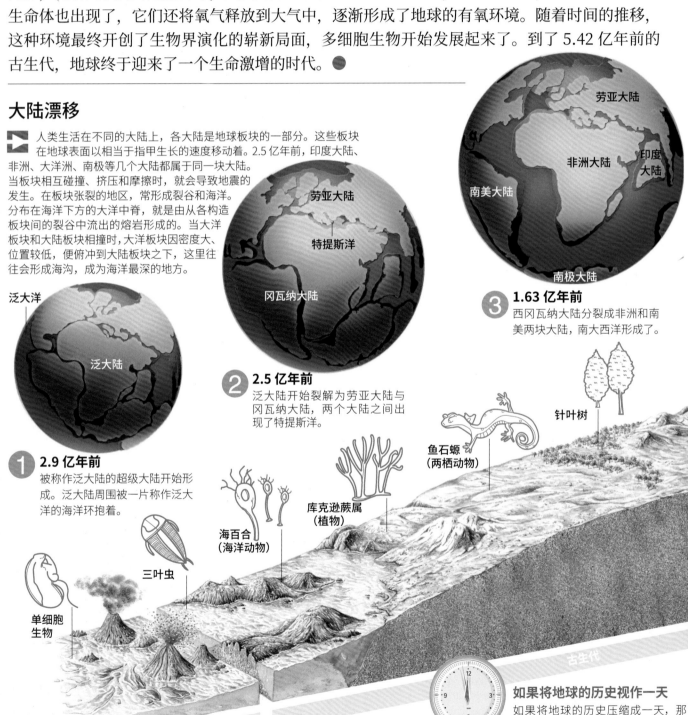

3 1.63 亿年前
西冈瓦纳大陆分裂成非洲和南美两块大陆，南大西洋形成了。

2 2.5 亿年前
泛大陆开始裂解为劳亚大陆与冈瓦纳大陆，两个大陆之间出现了特提斯洋。

1 2.9 亿年前
被称作泛大陆的超级大陆开始形成。泛大陆周围被一片称作泛大洋的海洋环抱着。

劳亚大陆

非洲大陆

印度大陆

南美大陆

南极大陆

劳亚大陆

特提斯洋

冈瓦纳大陆

泛大洋

泛大陆

针叶树

鱼石螈
（两栖动物）

库克逊蕨属
（植物）

海百合
（海洋动物）

三叶虫

单细胞生物

古生代

前寒武纪时期

如果将地球的历史视作一天
如果将地球的历史压缩成一天，那么智人是在最后一分钟才出现的。

地球的起源

地球形成于 46 亿年前，主要由气尘云中的物质组成。形成之初的地球是一个炽热的岩浆球。随着时间的推移，地球逐渐变冷，并发展出原始大气，逐渐形成降水，由此海洋诞生了。

A 岩浆球
太阳星云中的微粒集聚形成地球。

B 岩浆球冷却
随着星球冷却并开始排出气体和蒸汽，大气就产生了。

C 地壳形成
较轻的熔岩上浮到地球表面，冷却后形成了地壳。

D 水
大约 45 亿年前，地球上可能就有水了。富含水的地球是太阳系中唯一已知有生命存在的星球。

欧亚大陆
印度大陆
非洲大陆
美洲大陆
大洋洲大陆
南极大陆

④ 6 000 万年前
北大西洋开始与欧亚大陆分离，现代大陆和大洋的格局雏形基本形成。

年代表

地质学是对地球的起源、历史与结构进行研究的学科。在地质学中，地球的历史按从大到小的时间阶段可分为宙、代、纪、世、期。此外，地质学还为我们列出了不同时代的物种随着适应环境和物种竞争而演化的过程。通过对地球上形成于不同时期的沉积层中的生物化石的研究，地质学最终帮助我们追踪到了物种演化历史的时间轴线。

智人

大型哺乳动物

小型哺乳动物

海生爬行动物

恐龙

中生代

新生代

构造板块

地球的表面由不同的板块组成。地球表层主要有六大板块，板块之间的交界处是地壳运动激烈的地带，经常发生火山喷发、地震、岩层的挤压褶皱及断裂。

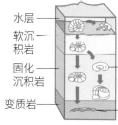

化石
化石是保留在岩石中的古代生物的遗体或遗迹，它们记录了地球的历史。

水层
软沉积岩
固化沉积岩
变质岩

大部分为海洋贝类

在一定的深度，化石因沉积岩发生变质而遭到破坏。

地球运动与坐标

的确，地球处在不断运动当中。地球在围绕地轴自转的同时也围绕太阳公转。日夜的更替、季节的变换和岁月的增长等自然现象，都是由地球的自转和公转带来的。为了追寻时间推移的痕迹，人类发明了日历、钟表和时区。时区以子午线为界，并根据各个时区的位置设置了参考时间。每向东一个时区，时间要增加一小时；每向西一个时区，时间要减少一小时。

地球的运动

昼夜的更替、季节的变换及新旧年的交替等，都源于地球在绕太阳运行过程中的各种运动。其中，最重要的运动是地球每天围绕地轴自西向东的自转和地球围绕太阳进行的公转。(地球环绕一个以太阳为焦点的椭圆形轨道运行，因此，地球在一年中与太阳的距离会发生缓慢的变化。)

自转

1 天
地球围绕其自转轴转动一周需要 23 小时 56 分钟，昼夜更替由此产生。

公转

1 年
地球围绕太阳转动一周需要 365 天 6 小时 9 分钟。

章动

18.6 年
地轴在进动中伴有的一种轻微不规则运动，周期约为 18.6 年，使地轴出现如点头般的摇晃现象。

岁差

25 800 年
由于地球是一个不规则的球体，同时又受到太阳和月亮引力的作用，地轴的指向会发生缓慢且连续的变化，地轴的这种长期运动被称作岁差（又称地轴进动）。

二分日和二至日

当地轴与太阳的倾斜角度达到最大时，被称作至日。每年的 6 月 21 日左右是北半球的夏至日，南半球则是冬至日；每年的 12 月 22 日左右是北半球的冬至日，南半球则是夏至日。夏至日白天时间最长，冬至日白天时间最短。在二分日（春分日和秋分日）这两天，太阳正好直射赤道，昼夜等长。

6 月 21 日或 22 日

北半球的夏至日和南半球的冬至日
至日的出现是由地轴的倾斜引起的。夏至这天，白天最长，正午太阳在天空中的位置达到最高；冬至这天，白天最短，正午太阳在天空中的位置降至最低。

时间的度量

日、月可以用日历和钟表标记，但对时间单位的度量既不是一种文化产物，也不是一种随意想象出来的东西，它是从地球的自然运动规律中总结出来的。

3 月 20 日或 21 日

北半球的春分日和南半球的秋分日
太阳正好经过赤道上方，白天和夜晚的时长一样。

太阳

9 月 22 日或 23 日

北半球的秋分日和南半球的春分日
此时，太阳正好经过赤道上方，昼夜等长。

近日点

地球轨道上距离太阳最近的点（约 1.47 亿千米）。

23.5°
地轴的倾角

1.5 亿千米

12月21日或22日
北半球的冬至日和南半球的夏至日
夏至这天，白天最长，正午太阳在天空中的高度达到最高；冬至这天正好相反。

远日点
地球轨道上距离太阳最远的点（1.52 亿千米）。远日点一般出现在每年的 7 月初。

地理坐标
借助经纬网，人们可以确定地球表面任何一点的地理位置。所有垂直于地轴的平面与地球椭球面的交线，称为纬线。所有通过地球南北极的平面与地球椭球面的交线，称为经线或子午线。国际上以通过英国格林尼治天文台的经线为起始经线（0°经线），也叫本初子午线。

地球轨道
地球公转一周的时间为 1 年。

日
地球围绕地轴自转一周的时间。

月
根据月亮的盈亏规律创造出来的时间单位，每个月的天数在 28~31 天。

— 1 天

— 大约 30 天

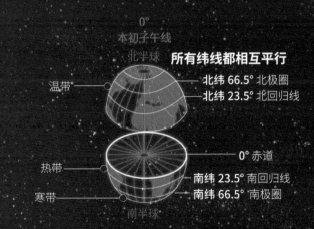

0°
本初子午线
北半球
温带
所有纬线都相互平行
— 北纬 66.5° 北极圈
— 北纬 23.5° 北回归线
热带
寒带
— 0° 赤道
— 南纬 23.5° 南回归线
— 南纬 66.5° 南极圈
南半球

时区
地球被划分为 24 个时区。根据以本初子午线为基准的协调世界时，相邻两个时区的时间相差 1 小时。每向东跨越 1 个时区，时间增加 1 小时；每向西跨越 1 个时区，时间减少 1 小时。

时差反应
人体的生物钟和昼夜更替的明与暗的变化节奏是相对应的。频繁的跨时区飞行会搅乱生物钟，人体就会出现一种叫作时差反应的紊乱现象。时差反应会引起疲劳、易怒、恶心、眩晕和失眠等症状。

12:00 A.M.
出发时间

北半球

12:00 A.M.
抵达时间

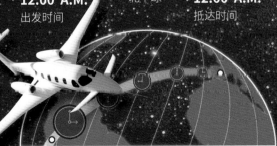

12:00 15:00 18:00 21:00 0:00 3:00 6:00 9:00

西　　　　　东
12:00 A.M.
3:00 A.M.　　　　9:00 P.M.
6:00 A.M.　　　　6:00 P.M.
9:00 A.M.　　　　3:00 P.M.
12:00 P.M.

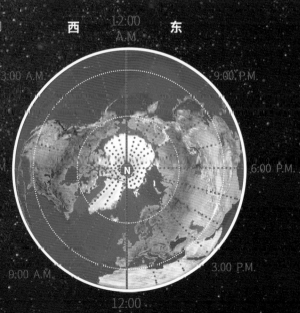

月球和潮汐

月球是地球的一颗天然卫星。有人觉得它浪漫，也有人觉得它恐怖，还有人觉得它神秘。不管它到底被赋予什么样的象征意义，它是导致地球潮汐发生的原因之一却是事实。潮汐是海水在月球和太阳引潮力作用下所发生的周期性的涨落运动。海水的潮起潮落很有规律性。通常，地球上绝大部分地方的海水每天会出现两次涨潮和两次落潮。一个月中则会交替出现两次大潮和两次小潮。

月球的起源
关于月球的起源，最广为接受的说法是，地球在其形成过程中曾受到一个火星大小天体的撞击。

撞击中喷射到地球周围太空中的碎片随着时间的推移最终形成了月球。

月球的运动

月球在围绕地球转动的同时也在自转。由于月球被地球潮汐锁定，这使得它永远以同一面朝向地球。

朔望月
月球相位的循环周期为 29.53 天。

恒星月
月球绕地球一周需要 27.32 天。

月球的背面
曾经在很长的一段时间里，月球的背面一直不为人所见，因而充满了神秘感。1959 年，苏联发射的"月球 3 号"探测器成功拍下了月球背面的照片。这一面的月壳比正面更为厚实，但月海数量却比正面少。

阿利斯塔克环形山
月球上最亮的环形山。

风暴洋
月球上最大的月海，也是唯一被称为"洋"的月海。

月球的正面
月球的这一面始终朝向地球，上面分布着很多暗色区域。

格里马尔迪环形山

伽桑狄环形山

面向地球的一面　月球

地球

背对地球的一面

月球轨道

潮汐

在向着月球的地方，月球的引力大于离心力，引力起主导作用，此时出现涨潮；在背月的地方，离心力大于地球的引力，离心力起主导作用，也会出现涨潮。（地球表面所受月球的引力与地月系统产生的离心力的合力就是月球的引潮力，太阳同理。）

1 新月
大潮
当太阳和月球在地球的同侧时，太阳和月球的引潮力作用于同一方向，这时海水涨得最高，落得最低。

2 上弦月
小潮
当太阳、月球、地球三者位置形成直角时，太阳引潮力和月球引潮力部分相互抵消，这时海水涨得不高，落得也不低。

3 满月
大潮
当太阳和月球在地球的两侧时，太阳和月球的引潮力作用于相反的方向，引发第二次大潮。

4 下弦月
小潮
太阳、月球、地球三者再次形成直角，引发第二次小潮。

符号说明

↑ 月球引潮力

↓ 太阳引潮力

● 太阳引潮力对潮汐的影响

● 月球引潮力对潮汐的影响

月球轨道
月球
地球轨道

太阳

太阳同样会对潮汐产生影响。

月球的内部结构

月球的平均密度及月震实验表明，月球可能存在一个小型的金属核心。

3 476 千米

月球的直径约为地球直径的 1/4。

雨海
已有约 40 亿年的历史。

岩质的幔
其厚度不及地球地幔厚度的一半。

外核
主要成分是液态铁。

内核
呈固态，富含铁元素。

云海

危海
大小约为 560 千米×420 千米，四周被高地环抱着。

静海
该月海较为平坦，是人类首次登月的着陆点所在地。

月壳
主要由玄武岩、斜长岩等岩石构成，其中最上部 1~2 千米为岩石碎块和月壤。

阿尔泰峭壁
高 1 000 米。

洪堡环形山
该环形山以德国教育改革家洪堡的名字命名。

亚平宁山脉
月球上最长的山脉。

施卡德环形山

第谷环形山
约有 1 亿年历史。

马吉尼环形山

哥白尼环形山
直径为 93 千米。

特征参数

天文符号	☾
基础数据	
与地球的平均距离	384 400 千米
围绕地球公转周期	27.32 天
赤道直径	3 476 千米
平均轨道速度	1.02 千米 / 秒
质量 *	0.012
重力 *	0.17
密度	3.34 克 / 厘米 ^{3}
温度	127℃（白天）
	-178℃（夜晚）
体积 *	0.02

* 地球 =1

自转轴倾角
6.68°
月球自转一周需要 27.32 天。

月球地形

早期的天文学家在对月球进行观测之后得出结论：月面上那些暗色的巨大斑块（即月海）应该是像地球上一样的海洋。月球上的这些暗色区域与其他明亮区域（即撞击坑最多的高地区域）形成了鲜明对比。

山脉
月球上有一些与地球上相似的山脉，大多也以地球上的山脉名称命名，如阿尔卑斯山脉、高加索山脉等。

环形山
月球上环形山的大小差别很大，较大的直径达 100 千米以上，小的直径则在 1 千米以下。绝大多数环形山都是小天体撞击造成的。

月海
月海的面积占月球表面积的 25%。月海是由类似地球玄武岩的岩石组成的平原，其中一滴水都没有。

月相

 新月
 上蛾眉月
 上弦月
 盈凸月
 满月
 亏凸月
 下弦月
下蛾眉月

独一无二
月球是地球仅有的一颗天然卫星。

日食和月食

当太阳、地球、月球三者恰好或几乎在同一条直线上时，地球上的人们可能就会看到一种神奇的天象，即日食（发生在新月时）或月食（发生在满月时）。日食发生时，月球位于太阳与地球之间；月食发生时，月球位于地球背向太阳的一面。太阳（即使是日食期间的太阳）不能直接用肉眼观看。人们可以用高质量的滤光镜观看这一天象；或使用间接观测法观看，即将太阳的影像投射到纸上进行观测。日食为天文学家进行科学研究提供了很好的机会。

在地球上观察到的月全食

月全食期间月亮之所以呈现暗红色，是太阳光线经过地球大气折射和散射的结果。

从地球上观察到的日环食。

日食

日食发生在月球恰好运行至太阳和地球之间，并在地球上投下阴影的时候。阴影中心完全黑暗的部分称作本影，其周围半明半暗的部分称作半影。地球上位于本影区域的观看者看到的是月盘已将太阳完全遮住的景象，即日全食；而位于半影区域的观看者看到的则是月盘只将部分太阳遮住的景象，即日偏食。

排列

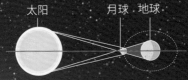

太阳　月球·地球

在日食期间，天文学家可以充分利用太阳被遮挡的时间，用特定的设备对太阳大气进行研究。

日食的类型

日全食
整个日面全都被遮住，处在本影里的人们能看到日全食。

日环食
月球的视圆面较小，只遮住日面中间部分，露出外面一圈光环。处在伪本影里的人们能看到日环食。

日偏食
日面只有部分被遮住，处在半影里的人们会看到日偏食。

太阳光线

太阳直径
太阳直径约为月球直径的 400 倍。

太阳与地球的距离
太阳与地球的距离刚好也约为月球与地球距离的 400 倍。

月食

月食发生在地球运行至月球和太阳之间时（月食分为月全食、月偏食和半影月食）。月全食发生时，如果没有地球大气，月亮会完全看不见（但这是从未发生过的事情）。月全食期间月亮呈现出特有的暗红色是地球大气折射和散射太阳光的结果。而在月偏食发生时，只有部分月球位于地球的本影锥中，其余部分则位于地球的半影中，即本影外面能被少部分阳光照到的区域。用肉眼直接观看月食不会有什么危险。

排列

太阳　　　　　地球　月球

月全食期间，月亮并非完全不可见，而是呈现暗红色。

月食的类型

月全食
此时，月球完全位于地球的本影锥中。

月偏食
此时，月球的一部分位于地球的本影锥中。

半影月食
此时，月球位于地球的半影区内。

月球轨道

地球的
本影锥

月全食

月偏食

月球的
本影锥

半影月食

新月
日全食

地球的
半影区

地球

从地球上观测

目视观测日食时一定要注意安全，必须借助专门的滤光片或日食观测眼镜，以防阳光灼伤眼睛。

日食
不同地域的观测者看到的日食景象都不相同。

月食
不同地域的观测者看到的月食景象都是相同的。

日食、月食周期

日食、月食的发生以 223 个朔望月为一个周期（约合 18 年零 11 天），这个周期被称作沙罗周期。

一年中的日食、月食次数			一个沙罗周期内的日食、月食次数		
2	7	4	43	28	71
最少	最多	平均	日食	月食	共计

观测宇宙

天文学是在人类的狩猎和农牧业活动中萌生和发展起来的，其目的是观天象、明方向、知季节、告农时。在古代，对星星的研究在很大程度上与占星及礼仪相关。现在，得益于新技术的发展，比如架设在地球不同位置的大型天文望远镜，

巨石阵

巨石阵位于英格兰威尔特郡，建于公元前 3100 年至公元前 1520 年，前后分为几个阶段完成。巨石阵中巨石的排列可能与太阳和月亮在天空中运行的位置有关。

我们对宇宙已经有了很多新的发现和认知。位于智利帕拉纳尔天文台的甚大望远镜，就曾通过直接成像的方式拍摄了第一张太阳系外行星的照片，并且首次在围绕银河系中心超大质量黑洞运行的恒星上观测到了广义相对论所预言的引力红移效应。●

天文学理论

有很长一段时间，人们认为地球是静止不动的，而太阳、月亮和其他星球都绕地球运行。为了对天空及星体运动进行研究，人们开始制造各种仪器，如星盘、浑天仪和望远镜等。望远镜改变了人们对宇宙的认识：地球不是宇宙的中心，而是和其他行星一样，都在围绕太阳转动。

地心说

在望远镜被发明出来之前，人们对宇宙的认知非常有限。大家普遍相信地球是固定不动的，太阳、月亮和其他五颗已知的行星都环绕地球运行。公元 2 世纪，天文学家克罗狄斯·托勒密对众多古希腊天文学家的天文学成果（尤其是亚里士多德的学说，他进一步发展了地球是宇宙的中心，其他天体都在围绕地球运动这一理论）进行了总结和完善，在他的努力之下，地心说体系得以创立。虽然阿利斯塔克和其他一些天文学家都曾提出地球是球体且围绕太阳运行的观点，但在长达 15 个世纪的时间里，托勒密的地心说一直都被人们奉为真理。

测量

古文明时代，人们发现太阳、月亮和星辰都进行着周期性的运动，因此可以将天空当作时钟和日历来使用。为了制定精准的历法，古代天文学家必须通过复杂的计算来预测星辰的位置，但他们在这方面遇到了很多的难题，直到星盘这种实用的工具被发明出来。星盘是一种边缘刻有圆弧度数的圆盘，通过它可以测量各种天体的高度。

时间

左图中为古代波斯人使用的一种星盘。对那时的波斯人而言，天文学就是指导他们农耕的历法。

宇宙学的代表人物

2 世纪
托勒密
（100—168）
托勒密将众多古希腊天文学家的成果进行了总结，写出了流传千古的《天文学大成》。在长达十几个世纪的时间里，他的学说一直处于无可争议的统治地位。

16 世纪
哥白尼
（1473—1543）
这位波兰天文学家认为太阳才是宇宙的中心，并著有《天体运行论》一书。他的理论为现代天文学奠定了基础。

17 世纪
开普勒
（1571—1630）
德国天文学家，他相信哥白尼的日心说并提出了行星运动三大定律。正是受到开普勒三定律的鼓舞，伽利略也公布了自己的研究结果。

日心说

1543 年，就在哥白尼快要去世的时候，他的《天体运行论》终于出版了，以此揭开了哥白尼革命的序幕。这位波兰天文学家提出了与地心说相悖的日心说。哥白尼的新理论颠覆了传统观念中太阳与地球的关系，指出太阳是宇宙的中心，而地球仅是太阳的众多行星中的一颗。哥白尼在自己的著作中以为：在天空中看到的太阳运动的一切现象，都不是它本身运动产生的，而是地球运动引起的，地球同时进行着几种运动，其中包括绕地轴的自转运动和环绕太阳的公转运动；人们看到的行星向前和向后运动，是由于地球运动引起的，地球的运动足以解释人们在天空中见到的各种现象。

伽利略的天文望远镜

据说，最早的望远镜是 1608 年由荷兰眼镜制造商汉斯·利珀希发明的，只是当时这一发明并未真正应用于科学研究。后来，伽利略对利珀希的望远镜进行了改良，并用它来观察各种天体。伽利略的第一台望远镜由一根管子及其两端的透镜（一端为凸透镜，另一端为凹透镜）组成。这台望远镜经过再次改良后，放大率达到了 30 倍。正是通过这台望远镜，伽利略发现了太阳表面的瑕疵（太阳黑子）与月球上的山脉和环形山，并观测到了围绕木星运行的 4 颗卫星。

太空旅行者

进入 20 世纪，人类在科学技术方面取得了巨大的进步，人们开始意识到仅在地球表面对太空进行观测是不够的。1959 年，人类成功发射了第一个月球探测器"月球 1 号"，它不仅对月球进行了首次飞掠探测，最终还成为首个围绕太阳公转的航天器。1977 年，人类发射了"旅行者 1 号"和"旅行者 2 号"探测器，它们先后对木星、土星、天王星和海王星进行了探测。"旅行者 1 号"是首个进入星际空间的航天器，也是迄今距离地球最远的航天器。2 个"旅行者号"探测器上都载有一张名为《地球之声》的镀金唱片，其中收录了用以表述地球上各种文化及生命的声音及图像。

---

17 世纪
伽利略
（1564 —1642）

伽利略发明了世界上第一台天文望远镜。他用这台原始的设备观测到了太阳黑子、木星的 4 颗卫星、金星的相位变化和月球表面的环形山。

17 世纪
艾萨克·牛顿
（1642 —1727）

在伽利略、开普勒等人工作的基础上，牛顿提出了万有引力定律，认为地球和各个天体的运动都遵循相同的自然规律。

20 世纪
埃德温·哈勃
（1889 —1953）

1929 年，哈勃通过观测到的星系的红移现象，发表了著名的宇宙膨胀理论，有力支持了宇宙大爆炸学说的正确性。

繁星点点

星座由一组组恒星构成，每个星座代表一种动物、神话人物或其他一些形象。古文明时代的人们发明了星座，并将其用作观察天空的参考点。天空中共有 88 个星座，虽然每个星座中的恒星看似离得很近，但它们的实际距离可能非常遥远。由于地球的自转和公转，地球上不同地点、不同季节看到的星座并不完全相同。

猎户座 χ1 星

猎户座 ξ 星

猎户座 μ 星

参宿四

起源

西方文化中的星座体系，最早起源于公元前 3000 多年活跃在两河流域的苏美尔人，他们很早就开始尝试把星空分成不同的区域并赋予其名称。后世的巴比伦人和希腊人沿袭了苏美尔人的传统，希腊人还创造性地把希腊神话和星座结合起来，命名了众多星座。

天空的变化

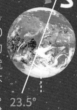

23.5°

地球绕太阳运行一周需要一年的时间。随着地球的公转，地球不断改变其在轨道上的位置，使得人们在不同季节看到的星空会有所差异，这就是某些星座只在一年中的一段时间里出现的原因。此外，不同的纬度看到的星座也会有所不同，只有处在赤道区域的人才能有幸看到全部 88 个星座。

星座的数量为

88 个

星空背景

地球

太阳

地球轨道

狮子座
心脏和尾部的恒星最亮，其中一等星轩辕十四最为耀眼。

巨蟹座
黄道十二星座中最不起眼的星座。

双子座
北河二与北河三构成了双子座的头部。

金牛座
有凭肉眼就能看到的昴星团和毕星团。其最亮的毕宿五星是红色的。

白羊座
白羊座有 4 颗明亮的恒星，其中最亮的是娄宿三（Hamal），该词源自阿拉伯语"公羊的头"。

双鱼座
双鱼座虽然是较大的星座，但它没有非常明亮的恒星。

黄道十二宫

大约在公元前 1000 年，古巴比伦人出于占星和天文探索的需要，将黄道均匀地分成 12 段，每段长 30°，称为 1 个"宫"，并以每个宫内所包含的黄道星座为该宫命名。太阳每隔 30 多天走完 1 个宫，1 年刚好走过全部 12 个宫，环绕黄道 1 周。

观测星座

南北半球的观测者都能看到黄道十二星座。但有些北天星座，南半球的一些地方就看不到了，反之亦然。如北天拱极星座小熊座，南半球几乎是看不到它的。

神话人物

从古时候起，星群就常与动物形象联系起来。金牛座就因为形似公牛而得名。猎户座、仙后座、仙女座和英仙座则都是希腊神话人物的化身。

猎户座 o1 星
猎户座 o2 星
猎户座 π1 星
猎户座 π2 星
猎户座 π3 星
猎户座 π4 星
猎户座 π5 星
猎户座 π6 星

觜宿一
参宿五
参宿三
参宿二
参宿一
参宿六
参宿七

不同的文化

在古代，不同民族文化可能对星座都有着自己独特的划分、命名和传说解释。相别于西方的星座系统，中国古代也创造了自己的星区划分体系。人们为了辨识星辰和观测天象，把天上的恒星分组、定名，这样的恒星组合称为星官。黄道和天赤道附近的天区被划分为 28 个星区，称作二十八宿。

天蝎座

在希腊神话中，天蝎座即蜇死猎户的那只毒蝎子。两者升为星座后，一个出现在冬季，一个出现在夏季，老死不相往来。

大熊座

这个星座所代表的熊与普通的熊不太一样，它的尾巴很长。实际上，星座的形状与其同名的形象能完全匹配的很少。

半人马座

这个星座象征着希腊神话中一种半人半马的怪物。它们的上半身是人的躯干，包括手和头；下半身则是马身，包括躯干和腿。

蛇夫座
蛇夫座是唯一同时横跨天球赤道、银道和黄道的星座。1928年，国际天文学联合会将蛇夫座认定为黄道星座，自此黄道十二星座变成了十三星座。

巴比伦

公元前 7 世纪的巴比伦迦勒底王朝时代，黄道十二宫与占星术紧密结合，以行星在十二宫的位置关系推定吉凶的迦勒底占星学得以确立。

人马座
富含星云和星团；银河系中心位于人马座方向。

天秤座
该星座中很大一部分曾经属于天蝎座。

宝瓶座
与球状星团和行星状星云，通过小型望远镜可以看到。

摩羯座
黄道十二星座中最小的一个，而且并不显眼。

天蝎座
接近银河系中心的星座，其最亮的星叫心宿二。

室女座
黄道上最大的星座，其最亮的星叫角宿一。

天体制图学

就像在地球上地图能够帮助我们找到这个星球表面的位置一样，星图通过使用类似的坐标系能够指明不同的天体及其位置。平面星图（或星盘）就是基于天球（即一种假想的用来描述天空中各种星体分布情况的球面）的概念制作的。平面星图主要分为5种，包括全天星图、四季星图、每月星图、活动星图以及天区图。

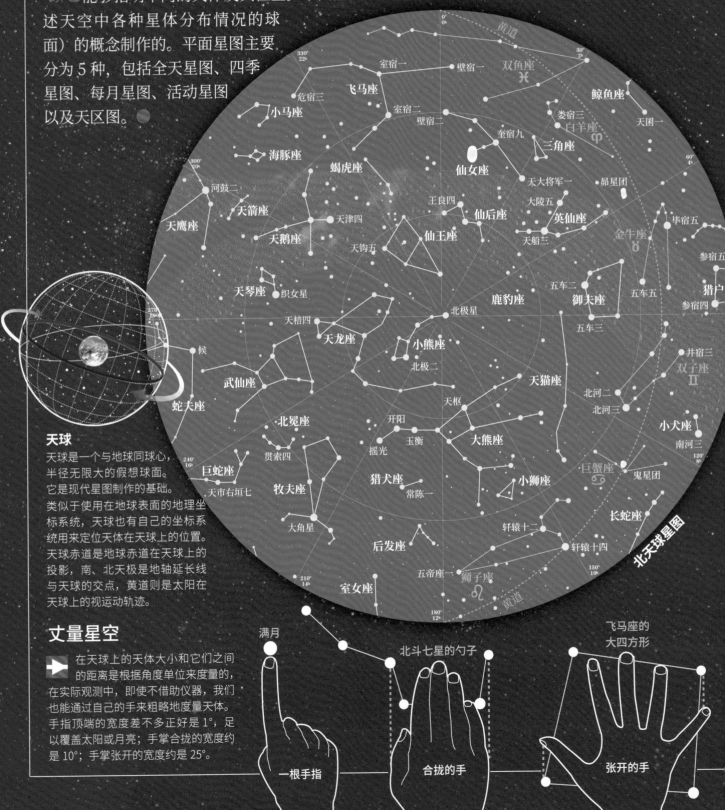

北天球星图

天球

天球是一个与地球同球心，半径无限大的假想球面。它是现代星图制作的基础。类似于使用在地球表面的地理坐标系统，天球也有自己的坐标系统用来定位天体在天球上的位置。天球赤道是地球赤道在天球上的投影，南、北天极是地轴延长线与天球的交点，黄道则是太阳在天球上的视运动轨迹。

丈量星空

在天球上的天体大小和它们之间的距离是根据角度单位来度量的，在实际观测中，即使不借助仪器，我们也能通过自己的手来粗略地度量天体。手指顶端的宽度差不多正好是1°，足以覆盖太阳或月亮；手掌合拢的宽度约是10°；手掌张开的宽度约是25°。

满月　北斗七星的勺子　飞马座的大四方形

一根手指　合拢的手　张开的手

如何看懂星图

为了详细而系统地对天空进行研究，天文学家把天球分割成若干区域。每一张星图能展示某一固定时间和地点观测到的特定区域，也有星图专用于标示某一特定位置。在地球上，人们用经度和纬度构成的坐标系表示地球表面的某一点的位置，而天球上的赤纬和赤经就相当于地球的纬度和经度。对于赤道上的观测者来说，天球赤道就位于他们头顶的正上方。

星

星座

银河

星体运动

观测者能观测到的天球的区域和星体运行的方式取决于观测者所在的纬度。当观测者向南或向北移动时，其可观测到的天球区域也会发生变化。因地球自转的原因，星体看起来都在围绕天极旋转，离天极越远，其周日运动的圆轨迹越大。

南天球星图

两极

在地球两极的观测者可以看到所有的星星既不上升也不下落，它们周日旋转的轨迹都和地平圈平行，只是高度各不相同。

中纬度地区

可以看到有些星星永远在地平线以上，而有些星星则永远在地平线以下。

赤道上

在赤道上几乎可以看到全天所有的星星，它们都沿着东升西落的轨迹运动。

不同类型的星图

在地球上不同经度的地方，能看到一样的星座，但是会随着季节的更替（地球在其公转轨道上位置的改变）而逐渐变化；在地球上不同纬度的地方，在同一时间所看到的天球部位不尽相同，因此所能看到的星座也不尽相同。正因如此，科学家绘制出了多种星图，包括四季星图、天区图等。

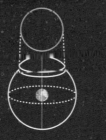

极地天区图

极地天区图展示的是南北两极天区的星座，和赤道天区图形成全天覆盖。

赤道天区图

赤道天区图展示的是以天赤道为对称中心线，给定南北赤纬和赤经之间天区的星座。

后花园里的观测

观星并不是一件难事。很多人在学会定位天体的位置之后发现，这个爱好总能带给人无穷的惊喜。在星图的帮助下，你可以识别各个星系、星云、星团、恒星及其他一些天体。它们都是宇宙中的瑰宝，有的用肉眼就能看得到，有的则需要借助双筒望远镜甚至更精密的天文望远镜。能够熟知夜空是一件非常有益的事情。

准备工作

在观察夜空之前，你必须准备好所有必需品。充分的事前准备能帮助你保护眼睛，使它们在已经适应黑暗的状态下免受强光刺激。除了双筒望远镜、星图和笔记本，别忘了带上暖和的衣服、舒适的座椅和一些喝的东西。

活动星图

指南针

包覆红玻璃
纸的手电筒

镜筒

光学管

观察月球的方式

望远镜的放大率不同，会使观察到的月球和其他星体的面貌也不同。在一些情况下，你可以用肉眼观察月球，也可以使用双筒望远镜或单筒天文望远镜进行观察。

三脚架
适配器

调焦轮

调焦目镜

调节螺栓

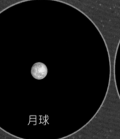

月球

肉眼视角

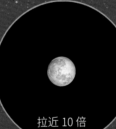

拉近 10 倍

双筒望远镜视角

拉近 50 倍

单筒望远镜视角

星座的运动

由于地球的自转，夜空中的星辰看上去大致都在自东向西运动。在北半球的人们看来，赤道带的猎户座呈自左向右的运动状态，它的最佳观测时间是每年的 12 月至次年 3 月。

12:00 A.M.

9:00 P.M.

3:00 A.M.

猎户座

木星

东　　　南　　　西

可观察到的物体

天空是非常热闹的，不光有很多恒星，还有行星及其卫星、小行星、流星、彗星以及人造卫星等。人们可以通过其外貌和运动状态识别它们。

流星
总是以光迹的形式快速闪过，其持续时间很短。

月球
除新月前后之外的大多数夜晚，人们都可以看见被照亮的月球正面（至少是它的一部分）。

金星
通常只出现在日落后的西方天空或日出前的东方天空。

人造卫星
足够大和足够低的人造卫星在反射太阳光时很容易被看到，它们的运动速度很快，数分钟内就能穿越天空。

彗星
彗星的回归周期长短不一，一般在接近地球和太阳时才达到最亮，可视时间可持续数天甚至数月之久。

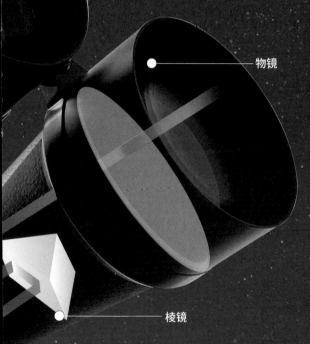

物镜

棱镜

平面投影图

星座由一组恒星组成，并在某个角度上看去呈现为一种特定的形状。尽管同一星座的恒星看似离得很近，但实际上它们相隔很远。

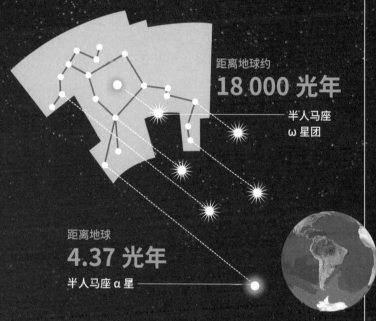

距离地球约
18 000 光年

半人马座 ω 星团

距离地球
4.37 光年

半人马座 α 星

测量方法

在地平坐标系中，天体在天空的坐标位置是由高度角（又称地平纬度）与方位角（又称地平经度）表示的。你可以用自己的手臂来估测地平线以上天体的高度角和方位角。

高度的测量

90°

45°

以地平线为起点，伸出你的一只手臂，直到它与你的另一手臂成90°直角。

45°高度角
将你的手臂抬起至地平线到头顶正上方的中间位置。

方位的测量

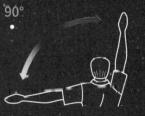

90°

45°

方位角从正北方向开始沿顺时针方向增加。以正北为起点（0°），将手臂放置成90°直角。

天体如果位于东北方向，那么它的方位角为45°；如果位于西北方向，方位角为315°。

"四眼巨人"

位于智利安托法加斯塔的帕拉纳尔天文台是世界上最先进的天文台之一。该天文台的甚大望远镜是欧洲南方天文台花费近 30 年，建造并安装在这里的大型光学天文望远镜，它包括 4 台相同的、位置固定的单元望远镜（分别用当地的马普切语命名为太阳、月亮、南十字和金星）和 4 台可移动的辅助望远镜。4 台单元望远镜既可以单独使用，也可以组成光学干涉仪进行高分辨观测。甚大望远镜的科学目标之一是寻找太阳系旁临近恒星的行星。

气候条件

帕拉纳尔山位于阿塔卡玛沙漠最干旱的地区，但该区域内的天文观测条件却异常优越。这座山高 2 632 米，一年中的晴夜数多于 340 个。

气压	空气密度
750 毫巴	**0.96** 千克 / 米³

温度	湿度
-8 ～ 25℃	5% ～ 20%

圆顶

圆顶内的制冷设备从白天一直制冷到晚上的观测时间，以保持望远镜的温度与夜间外界的温度相同，使观测时有一个良好的视宁度。

浑仪

约公元前 255 年，埃拉托色尼发明了西方最早的浑仪，当时主要用作教学工具。中国最早的浑仪是西汉时期的落下闳发明的。16 世纪，丹麦天文学家第谷·布拉赫建造了用作天文观测的大型浑仪。

公元前 3100 年—公元前 1520 年

巨石阵

位于英格兰的威尔特郡，可能是新石器时代的天文台。

900 年

埃尔卡拉科尔天文观象台

这座天文观象台位于玛雅古城奇琴伊察的遗址中，曾被用于判断夏至、冬至和观察星宿。

甚大望远镜干涉仪

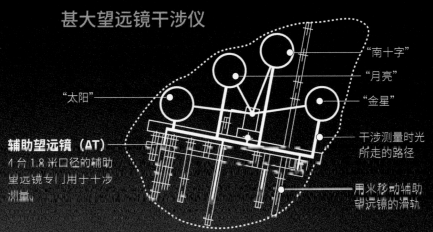

"太阳"

"南十字"

"月亮"

"金星"

干涉测量时光
所走的路径

用来移动辅助
望远镜的滑轨

辅助望远镜（AT）
4 台 1.8 米口径的辅助
望远镜专门用于干涉
测量。

帕拉纳尔天文台

帕拉纳尔天文台是欧洲南方天文台在智利
帕拉纳尔山的观测地，由 4 台单元望远镜
和 4 台辅助望远镜组成的甚大望远镜就坐落于此。
每台单元望远镜重约 500 吨，其主镜口径为 8.2 米，
厚度仅 18 厘米。单元望远镜单独使用时，能探测
到只有肉眼可见光亮度的四十亿分之一的光线。
这些望远镜也可以组合在一起工作，形成具有相
当于 16 米口径望远镜的聚光能力和 130 米口径望
远镜的角分辨能力的光学干涉仪，使天文学家能
够看到比单台望远镜精细 25 倍的细节。

单元望远镜

单元望远镜采用了创新性的光学设计。主动和
自适应光学系统能有效地提高望远镜的分辨率
和成像质量，使获取的图像几乎与在太空中拍摄的一
样清晰。

主动光学系统

主动光学系统可以随着望远镜朝向的改变，产生
相应的力来校正重力、温度波动等引发的镜面变
形。4 个单元望远镜都配备了主动光学系统，主
镜面由电脑控制的 150 个致动器支撑，保证了镜
面始终维持在最佳形状。

主动光学系统

自适应光学系统

入射
光束

反射
光束

未经矫正
的影像

150 个致动器

变形镜

矫正后
的影像

副镜
直径 1.1 米

机械装置

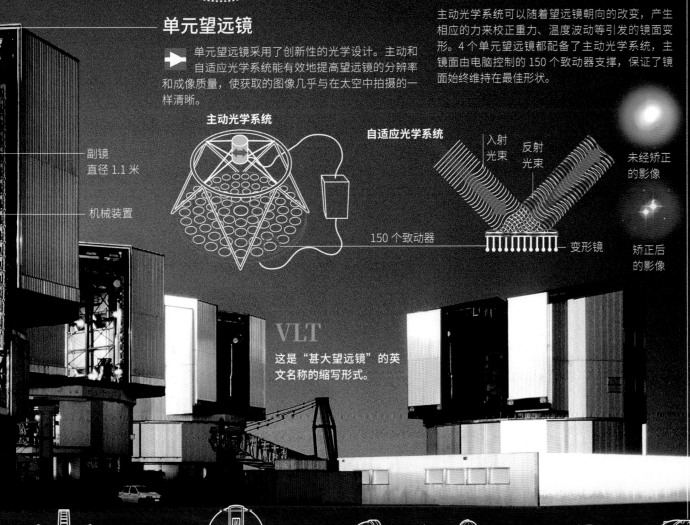

VLT
这是"甚大望远镜"的英
文名称的缩写形式。

1738 年
斋浦尔天文台
位于印度，由印度王公萨瓦
伊·贾伊·辛格二世建造，内有
大型的六分仪和子午线仪。

1888 年
利克天文台
位于美国加州的汉密尔顿山的
山顶，海拔 1 283 米，是世界首
个建于山顶的永久性天文台。

1897 年
叶凯士天文台
位于美国的威斯康星州，
拥有世界上口径最大的
折射望远镜。

1967 年
莫纳克亚天文台
位于美国夏威夷群岛的莫
纳克亚山顶峰上，是世界
著名的天文学研究场所。

术 语

北极星

指的是最靠近北天极的一颗恒星。由于岁差的关系，不同时期的北极星是不同的，现在的北极星是小熊座 α 星（勾陈一）。

波长

波在一个振动周期内传播的距离，等于相邻的两个波峰（或波谷）之间的距离。

超大质量黑洞

超大质量黑洞是一种黑洞的类型，其质量介于 100 万倍至 100 亿倍太阳质量之间。现在一般认为，在包括银河系在内的所有星系的中心都存在超大质量黑洞。

超新星

指某些大质量恒星在演化接近末期时经历的一种剧烈爆炸。这种爆炸极其明亮，过程中所突发的电磁辐射经常能够照亮其所在的整个星系，并可能持续几周至几个月甚至几年才会逐渐衰减。

潮汐

指地球上的海洋表面在天体（主要是月球和太阳）引潮力作用下所产生的涨落现象。潮汐的变化与地球、太阳和月球的相对位置有关。

磁层

指在太阳风和行星磁场的相互作用下，行星原来磁场的磁力线被太阳风压缩在一个有限的空间。在该空间区域内，带电粒子的运动由行星磁场所主导。行星磁层的形状受到太阳风的影响，在朝向太阳的一面被太阳风所挤压，在反方向上则拉出一条延展的尾巴。

磁场

存在于磁体、电流和运动电荷周围空间的一种矢量场。磁场在空间里的任意位置都具有方向和数值大小。处于磁场中的磁性物质或电流，会因为磁场的作用而感受到磁力。

大爆炸

描述宇宙的起源与演化的宇宙学模型。根据大爆炸理论，宇宙是在过去有限的时间之前，诞生于一个极其高温致密的原初状态，自那以后就一直在膨胀。大爆炸是空间、时间和物质的起源。

大挤压

大挤压即大坍缩，一个解释宇宙如何灭亡的过程，是由宇宙膨胀论延伸而来的。宇宙膨胀论认为，宇宙是从奇点膨胀而成的，而且一直在不断膨胀中，但是宇宙中的暗物质如果足够多的话，就会产生足够大的引力，让宇宙停止膨胀，并且转为收缩，这会让宇宙回复到刚诞生时的炽热状态。

电磁辐射

指电磁能量以电磁波形式或者光量子形式发射或泄漏到空间的现象。电磁辐射以光速传播，按照频率由低到高的排列顺序，可分为无线电波、微波、红外线、可见光、紫外线、X 射线和伽马射线等。电磁辐射的频率越高，其能量也就越大，穿透力越强。

电荷

电荷是物质的一种物理性质。带有电荷的物质称为"带电物质"；带有电荷的粒子称为"带电粒子"，但是带电粒子也常被不精确地称为"电荷"。带电物质（或带电粒子）置于电磁场中会受到力的作用。

电离层

地球大气的一个电离区域，是受太阳高能辐射以及宇宙线的作用而电离的大气高层。

反物质

反物质就是正常物质的镜像。正常原子由带正电荷的原子核构成，核外则是带负电荷的电子。但是，反物质的构成却完全相反，它们拥有带正电荷的电子和带负电荷的原子核。当物质和反物质接触时，它们会立即相与淬火，释放出能量。

范艾伦辐射带

指在地球附近的近层宇宙空间中包围着地球的高能粒子辐射带，1958 年由美国科学家詹姆斯·范艾伦发现。范艾伦辐射带由被地球磁场捕获的带电粒子（电子、质子）构成，有着类似甜甜圈一样的形状。

分子

一种构成物质的粒子，呈电中性、由单粒或多粒原子组成，原子之间因化学键而键结。分子是物质中能够独立存在的并保持该物质物理化学特性的最小单元。

伽马射线

波长最短、频率最高的电磁辐射，是电磁波谱中具有最高能量辐射的部分。伽马射线可以产生于不稳定原子核的放射性衰变、恒星核心的核聚变反应以及宇宙线与星际物质的相互作用。

拱极星

位于某一特定纬度的观测者所看到的围绕在天极周围永不落下的恒星。

光年

天文学中常用的距离单位，指光在真空中一年时间内传播的距离，约为 9.46 万亿千米。

光谱

全称光学频谱，是复色光经过色散系统（如棱镜、光栅）分光后，被色散开的单色光按波长（或频率）大小依次排列形成的图案。

光谱分析

根据物质的光谱来鉴别物质及确定它的化学组成和相对含量的方法。

光球

太阳大气的最底层，即通常肉眼所见的太阳表面，厚度约为 500 千米。几乎所有的太阳可见光都是从这一层发射出来的。

光速

光（即电磁波）在真空中的传播速度，是一个物理常数，精确值为 299 792 458 米 / 秒（有时会取为 30 万千米 / 秒）。

光子

传递电磁相互作用的基本粒子。光子是从伽马射线到无线电波等各种形式电磁辐射的载体，它的静止质量为 0，在真空中以光速运动，并具有能量、动量、质量。

广义相对论

描述物质间引力相互作用的理论，由阿尔伯特·爱因斯坦在 1915 年提出。在该理论提出之前，科学家对引力的认知一直遵循牛顿的理论，认为引力是物体之间的一种吸引力。1915 年，爱因斯坦提出了新的解释，认为引力并不是一种力，而是包括恒星和行星在内的大质量物体导致的时空扭曲，然后物体在这个扭曲的时空里继续做它们的"惯性运动"。

氦

一种化学元素，化学符号为 He，原子序数为 2。氦在通常情况下是一种无色、无味的气体。继氢原子之后，氦是宇宙中第二轻且含量第二高的元素，最广泛的来源形成于宇宙大爆炸时期，而新的氦形成于恒星内部的核聚变反应。

核聚变

又称核融合、融合反应、聚变反应或热核反应，指将两个较轻的核结合而形成一个较重的核和一个极轻的核（或粒子）的一种核反应形式。在此过程中，有一部分正在聚变的原子核的物质被转化为光子（能量）。核聚变是太阳等恒星的能量来源。

黑洞

宇宙中的一种天体，在时空中表现为具有极

端强大的引力，以致于所有粒子、甚至光这样的电磁辐射都不能逃逸的区域。广义相对论预测，足够紧密的质量可以扭曲时空，形成黑洞；不可能从该区域逃离的边界称为事件视界。

黑子

太阳表面因温度相对较低而呈现为比周围区域黑暗的斑点。

恒星

一种由引力凝聚在一起的球型发光等离子体天体，主要由氢、氦和微量的较重元素构成。太阳就是最接近地球的恒星。

恒星质量黑洞

一种大质量恒星引力坍塌后所形成的黑洞，其质量大约是五至数十倍的太阳质量，可以借由伽马射线暴或超新星来发现它的踪迹。

红外辐射

波长比红色可见光长、比微波短的电磁波，其波长在 760 纳米至 1 毫米之间。室温下物体所发出的热辐射基本都在此波段。

化学元素

指具有相同的核电荷数（核内质子数）的一类原子的总称。如氢、碳、氧、硫、铁等都是元素，不论它们以单质或化合物的形式存在。

环形山

指行星、卫星、小行星或其他类地天体表面的碗状凹坑，其外观特征为坑底相对平坦，周围环绕着一圈隆起的坑壁。按形成原因分类，它们可分为由火山作用形成的火山口和由小天体撞击作用形成的撞击坑两种类型。

黄道

太阳在天球上的视运动轨迹，它是黄道坐标系的基准。另外，黄道也指太阳视运动轨迹所在的平面，它和地球绕太阳的轨道共面。

黄道带

天球上以黄道为中心线，两侧各延伸约 9 度的环带状区域。太阳、月球和八大行星的视运动轨迹都位于这条带内。

彗发

围绕在彗核周围的气体尘埃云，构成了彗星发光的"头部"。

彗核

彗星中心的固体部分，主要由水冰、岩石、尘埃和冻结的气体组成。

彗尾

当彗星接近或开始远离太阳时从头部拖曳而出的电离气体和尘埃流。

彗星

一类基本上由冰（主要是水冰）和尘埃颗粒构成的小天体。它们通常沿着大偏心率的椭圆轨道围绕太阳运行。每当它们接近太阳的时候，气体和尘埃便从彗核挥发出来，形成包括彗发和一条甚至多条彗尾在内的大范围云气。短周期彗星主要起源于柯伊伯带，而长周期彗星则起源于奥尔特云。

极光

一种绚丽多彩的等离子体现象，一般发生在具有大气和磁场的行星上的高纬度区域。地球上的极光是由来自磁层和太阳风的高能带电粒子被地磁场导引带进地球大气层，并与高层大气中的原子碰撞造成的发光现象。

近日点

天体绕太阳公转的轨道上离太阳最近的点。

柯伊伯带

位于海王星轨道外，距离太阳 30~55 个天文单位的天体密集的中空圆盘状区域。

口径

望远镜中起主要聚光作用的那片镜片未受遮挡的部分，也就是实际有效的那部分镜片的直径。一般以毫米做单位，对于口径非常大的望远镜也常用米做单位。

粒子

能够以自由状态存在的最小物质组成部分，其可以被赋予若干物理或化学性质，如体积、密度或质量。

幔

一般指岩质行星或其他岩质天体的壳与核之间的层。对于气态行星而言，由于它们没有固体表面，幔被认为是大气层与核之间的层。

密度

指某种物质单位体积下的质量，等于物质的质量和其体积的比值。

壳

岩质行星或卫星最外层的固态结构。

氢

一种化学元素，化学符号为 H，原子序数为 1，是宇宙中最轻且含量最多的元素。氢通常的单质形态是氢气，无色无味无臭，是一种极易燃烧的由双原子分子组成的气体。等离子态的氢是主序星的主要成分。

日冕

太阳大气的最外层部分，由低密度的等离子体组成，能向外层空间延伸数百万千米以上。日冕的温度超过 100 万摄氏度，远远高于光球层。

日球层

受太阳磁场和太阳风所控制的以气泡形式存在的空间区域。由于受到星际介质的压力限制，太阳风和太阳磁场只存在于围绕太阳的一个有限的区域内，其边界称为日球层顶，它远远超出了冥王星的轨道。

色球

太阳大气中位于光球层（可见表面）和日冕之间的薄层。在日全食期间，月球挡住了刺眼的光球层，在日面边缘呈现出狭窄的玫瑰红色的发光圈层，就是色球。

食

一个天体进入到另一个天体投下的影子中的过程。当月球进入地球的影子中就会发生月食。当地球上的部分区域进入到月球所投下的影子中，就会发生日食。

事件视界

事件视界是一种时空的曲隔界线，指的是在事件视界以外的观察者无法利用任何物理方法获得事件视界以内的任何事件的信息，或者受到事件视界以内事件的影响。在黑洞周围的便是事件视界。在非常巨大的引力影响下，黑洞附近的逃逸速度大于光速，使得任何光线都不能从事件视界内部逃脱。

时空

三维空间（长宽高）和时间纬度一起构成的四维集合。

衰变

一颗不稳定（即具有放射性）的原子核在放射出粒子及能量后而变得较为稳定，这个过程称为衰变。

太阳耀斑

太阳大气中最剧烈的爆发现象之一，是发生在太阳表面大气局部区域中突然的、大规模的能量释放过程。一般表现为局部增亮现象，同时伴随有一系列高能量现象的发生，持续时间从几分钟到几十分钟不等。在短时间里，太阳耀斑可释放相当于上百亿颗巨型氢弹同时爆炸释放的能量。

太阳质量

天文学上用于表示恒星、星团或星系等大型天体质量的单位，定义为太阳的质量，约为 2×10^{30} 千克。

碳

一种化学元素，化学符号为C，原子序数为6。碳是一种很常见的元素，其丰度在宇宙中排列第4，仅次于氢、氦和氧。碳能在化学上自我结合而形成大量化合物，是地球上所有生物的化学基础。

天顶

指观测者头顶正上方的天球点。

天文学

研究宇宙空间天体、宇宙的结构和发展的学科。

椭圆轨道

在太空动力学和天体力学中，椭圆轨道是指轨道离心率介于0和1之间的轨道。轨道离心率为0的则是圆形轨道。

温室效应

指行星的大气层因为吸收辐射能量，使行星表面升温的效应。常见的温室气体包括水蒸气、二氧化碳和甲烷。

小行星

一类沿独立轨道绕太阳运行的小天体。它们数量众多，直径在数米到上千千米之间。大多数小行星都集中在火星与木星轨道之间的主带。

星际空间

星体与星体之间的空间。

星盘

一种古老的用来确定天体位置和高度的天文仪器，由一刻有度数的圆盘及一根瞄准管构成。

星团

被引力束缚在一起的一群恒星，数量在数十到上百万之间。星团主要有两种：球状星团，由数万颗至数百万颗恒星组成，通常包含大量的老年恒星，是外观大致呈球形的恒星集团；疏散星团，一般只有数百颗至上千颗恒星，其中的恒星成员通常都很年轻，是结构较为松散的恒星集团。

星系

由恒星、恒星遗骸、行星、星云、黑洞和暗物质等组成，并通过引力作用维系在一起的天体系统。

星系群

少于50个星系，因为引力的约束而聚集在一起的星系群体。

星系细丝

在宇宙物理学中，细丝结构（又称纤维状结构）是宇宙中目前已知的最大结构。细丝结构由星系构成，其中的一些星系又因为和其他众多星系组合的特别紧密而形成了超星系团。

星云

由星际空间的气体和尘埃结合成的云雾状天体。

星座

一群在天球上投影位置相近的恒星的组合。不同的文明和历史时期对星座的划分可能不同。1930 年，国际天文学联合会为了统一繁杂的星座划分，用精确的边界把天空分为 88 个正式的星座，使天空中的多数恒星都属于某一特定星座。这些正式的星座大多都以中世纪传下来的古希腊传统星座为基础。

行星

通常指自身不发光，围绕恒星运转的天体。其公转方向常与所绕恒星的自转方向相同。一般来说，行星需具有一定的质量且近似于圆球状，并且已经清空其轨道附近区域的天体。

湮灭

当物质和它的反物质相遇时，会发生完全的物质 - 能量转换，转为能量（如以光子的形式）的过程。

氧

一种化学元素，化学符号为 O，原子序数为 8，在宇宙中的总质量仅次于氢和氦。氧是具有高反应性的氧化剂，能够与大部分元素形成氧化物。生物体中的主要有机分子都含有氧原子，生物体绝大部分的质量都由含氧原子的水组成。

银河系

太阳系所在的棒旋星系，呈椭圆盘形，具有巨大的盘面结构，拥有 1 000 亿 ~4 000 亿颗恒星。

引力

作用于物质实体、粒子以及光子之间的相互吸引力。引力是自然界中已知的四种基本力之一。

原子

物质的基本构成单位，也是保留元素所有化学性质的最小物质单位。原子由原子核和绕核运动的电子组成。

远日点

天体绕太阳公转的轨道上离太阳最远的点。

月海

月球上地势低、相对平坦、颜色较暗的区域，是被玄武岩熔岩填平的盆地。

真空

指一种不存在任何物质的空间状态，是一种物理现象。

质子

带一个正电荷的亚原子粒子。质子是所有原子核的基本组成部分，每个原子核中质子的数量决定了该元素的性质。

中子

不带电荷的亚原子粒子，具有略大于质子的质量。绝大多数的原子核都由中子和质子组成。

江苏省版权局著作权合同登记 10-2021-101 号

图书在版编目（CIP）数据

宇宙 / 西班牙 Sol90 公司编著 ; 李莉译 . — 南京 :
江苏凤凰科学技术出版社 , 2023.5（2024.11重印）
（国家地理图解万物大百科）
ISBN 978-7-5713-3375-1

Ⅰ . ①宇… Ⅱ . ①西… ②李… Ⅲ . ①宇宙－普及读
物 Ⅳ . ① P159-49

中国版本图书馆 CIP 数据核字 (2022) 第 258716 号

国家地理图解万物大百科　宇宙

编　　　著	西班牙 Sol90 公司	
译　　　者	李　莉	
责 任 编 辑	谷建亚　沙玲玲	
责 任 校 对	仲　敏	
责 任 监 制	刘文洋	

出 版 发 行	江苏凤凰科学技术出版社
出版社地址	南京市湖南路 1 号 A 楼，邮编：210009
出版社网址	http://www.pspress.cn
印　　　刷	南京新世纪联盟印务有限公司

开　　　本	889mm×1 194mm　1/16
印　　　张	6
字　　　数	200 000
版　　　次	2023 年 5 月第 1 版
印　　　次	2024 年 11 月第 7 次印刷

标 准 书 号	ISBN 978-7-5713-3375-1
定　　　价	40.00 元

图书如有印装质量问题，可随时向我社印务部调换。